# 淨食禪點

## 108道靜心素菜

## 【作者簡介】

**張雲甫**，長期從事烹飪教學工作，研究魯、川、蘇、粵、閩、湘、浙、徽精品素食，對中國素食研究自成一格，對民間素食、寺院素食、宮廷素食、時尚素食都有自己的獨特心得。他利用現代的烹調工具，如高壓鍋、石鍋、多層鍋、微波爐、易潔鍋、蒸汽鍋等製作素菜。他的素菜調味更是一絕，特別是咖喱系列、五香系列、香辣系列，味道純、香、雅、清、濃、淡、爽，風格獨特。

他深入中國佛教名山、道觀古剎，探究中國素食飲食文化真諦，真正體味到「一粒米中藏世界，半邊鍋內煮乾坤」的意境，著有《中華佛齋》、《家常素食》、《味道》、《中外調味大全》、《美味中國》、《素食趣談》、《調味寶典》等。

# 序

淨食禪點，是以蔬菜、瓜果、乾果、豆腐、豆製品、麵筋和筍菌類為原料，以植物油精工烹製而成的淨素佳餚。風格別致，獨樹一幟。

淨食禪點歷史悠久，中國自古已有素食的傳統。早在2500年前的《左傳》、《詩經》中已有記載。東漢時，印度佛教傳入中國，佛祖釋迦牟尼的弟子提婆達多提倡吃素，被中國多數佛教徒所接受，特別是南北朝後期梁武帝蕭衍大力提倡吃素。他以帝王之尊，終身食素，並大修寺院，提倡素食，對素食與佛教的融合起了很大的推動作用。到了北魏，素食已初具規模。《齊民要術》有一章專論素食，這是中國關於素菜最早的完整記載。明清時期，特別是清代，是淨食禪點發展的鼎盛時期，風格迥異，各有千秋，流傳至今，盛名不衰。

佛家寺院齋堂，由齋廚、香積廚烹製以淨素為主的齋菜，其特色多是就地取材，擅烹蔬菽，講究全素。淨食禪點選料精、製作細，所用主料不但四季分明，而且精益求精。如常用的冬菇，專挑形圓、香美厚、大小均勻的。經常吃素食，可預防因脂肪攝入過多而引起的高血壓、心臟病、肥胖症等。中國有些地區有吃「六月素」的習俗。除信仰因素外，主要原因是夏天氣溫高，身體與高溫抗衡，消耗較大，素食可減輕胃負荷，有利健康，故素食還有「延年益壽」的功效。

現今，全世界都在提倡低碳、綠色、節能、環保，各國醫學界很多人都主張多吃素食，尤其是發達國家正在力求改變自己的膳食結構，以尋求養生、健身、延年益壽之道。感謝養生畫家趙毅、心經書法家丁潔、中國烹飪大師易渲承等為本書指導與題詞。

劉國雲

# 淨食禪點

養生書法家丁潔 題

# 淨食禪点

姜俊賢

二0一六,八,五.

中國烹飪協會會長姜俊賢 題

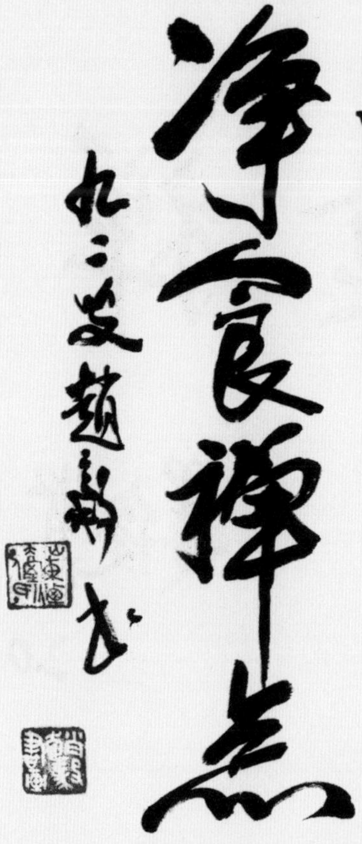


養生書畫家趙毅 題

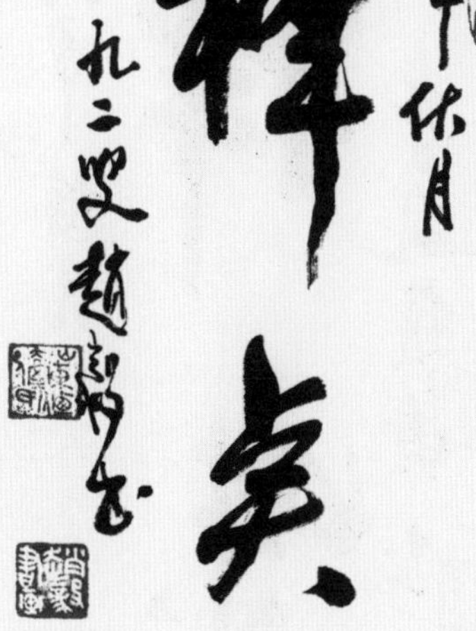


養生書畫家趙毅 題

禪齋

丙申年月

九二叟趙毅題

禪味

丙申相月

九二叟趙毅題

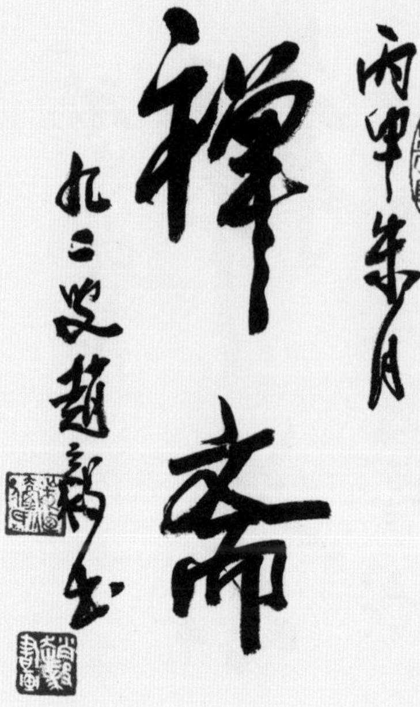

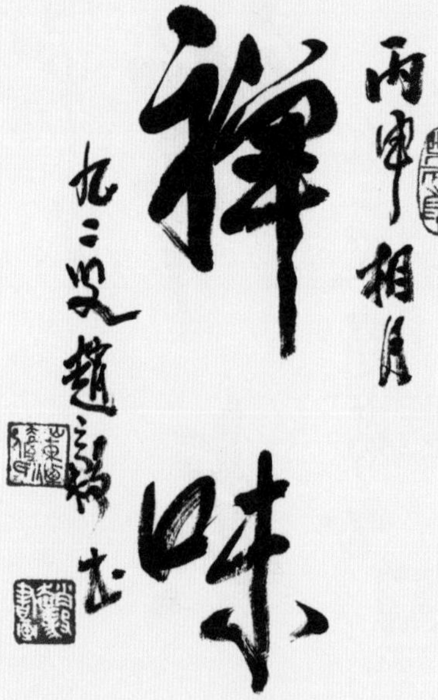

養生書畫家趙毅 題

正覺正思正見正宗
追隨慈悲養生環保

中國烹飪大師、揚州大學客座教授易滇承 題

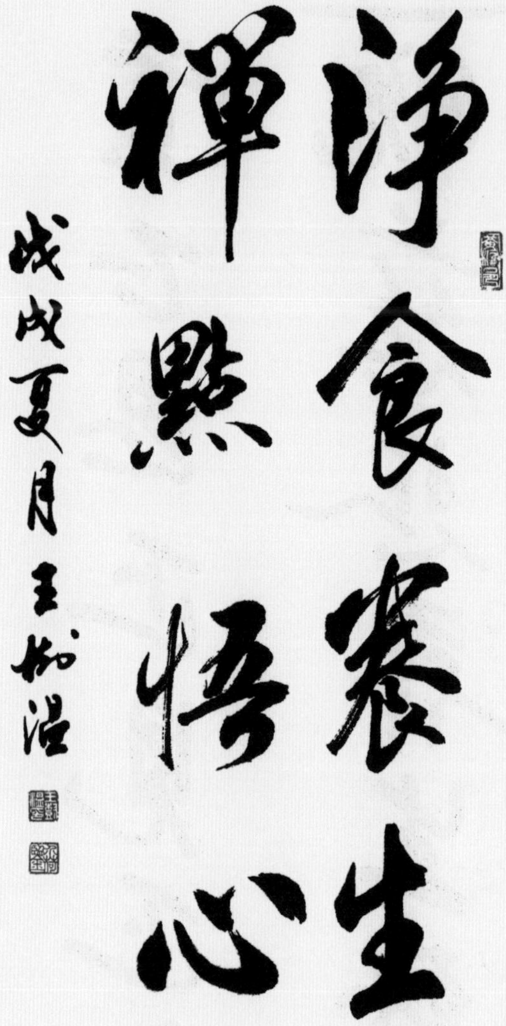


中國烹飪大師王樹溫 題

# 目錄

## 湯羹



## 飯麵



## 甜點小食

# 養生素齋談

有慈悲心之人飲食最重要的規定是「食素」。而從健康角度考慮，食素也是值得提倡的。人類的飲食方式，作為人與自然界相交換的生理行為，不是一種單純的吃與喝，而是按特定方式進行的文化行為。「吃甚麼」「怎麼吃」，表現為在明確觀念指導下進行的社會行為。我們的素食主張緣於以下幾點：

## 一、食素出於慈悲心

由歷代傳統及經文來看，一個有慈悲心的人，是熱愛一切生命的，有些教徒可以通過飲食這一特別的「修行」方式，來獲得慈悲心，以此來提高生命的質量。一個人要是有殘忍的行為，那是不能成聖人的。他們在殺生時，不知道自己的所作所為，更不知道他們的所作所為對被屠殺的動物來說又意味着甚麼。

如果他們真的瞭解被宰殺的動物，也像人們愛惜自己的生命一樣，就會感悟到那些動物被宰殺時同樣會感到疼痛和恐懼，那也許就會使很多的動物不再被殺害。因此，有些人就主張，要阻止這些殺生的行為，主要是要激發起人們的慈悲心。

## 二、食素吃出健康

素食家認為，飲食的葷素和多少，都與人的健康有直接聯繫。有些疾病，是由食引起的，可以通過食素得到預防和醫治。同時，食素也不會影響人的腦力。

素食飲食觀念，符合現代養生營養學的理論。人體所必需的養分與營

養，都可以從素食中獲得。懂得搭配，不偏食，素食者就可以獲得更均衡的養分與營養。大腦細胞的養分主要是蛋白質、維他命B雜及氧氣等，食物中以穀類及豆類等含量較多。

所以，素食主義者能獲得健全的腦力，不僅思維敏捷，而且與常人相比，智慧與判斷力方面還有優勢。像莎士比亞、牛頓、蕭伯納等，這些智者大都偏愛素食。

素食沒有肉食的許多副作用，如大量食用動物脂肪食品，不僅增加消化系統的負擔，導致胃腸膽囊疾病，而且易引起膽固醇含量增高，血黏度上升，引發冠心病、肺心病、高血壓、中風、肥胖、癌症等多種慢性疾病。但仍有很多人對素食持有異議。這除了貪求肉食美味，主要是擔心素食營養不夠。其實，這種認識是缺乏科學依據的。素食者可以從他們的食物中獲得平衡的營養成分，這可從長壽之人每日食譜與現代素食者食譜的對比中得到印證。

美國加州大學藥學博士鄭慧文研究素食食譜，提出了「221素食法」，得到世界衞生組織、美國衞生部、英國衞生部的認可、推廣。「221素食法」即以兩份五穀雜糧、兩份蔬菜水果和一份豆類的比例搭配進餐。

「221素食法」可以確保素食者攝取充足的養分，尤其是素食者容易忽略的蛋白質及糖類，都可以借此而調整。

總之，素食富於養分與營養，清淡而易於消化，能夠滿足人體對各種營養成分的需求，素食者不會因缺乏營養素而出現營養不良或身體虛弱的問題。

## 三、食素自有其滋味

食素並不是不講飲食的多樣化，不講究吃得有滋有味的。素食者每天的飲食，包括下面五種：

1. 麵包、穀類和馬鈴薯，為飲食的三分之一，這類食品富含纖維、維他命和礦物質，是很好的澱粉來源。有可能的話，儘量選擇高纖維食品，但要多喝水，並在此類食品中儘量不外加含脂肪的食品。
2. 水果與蔬菜，包括各種新鮮的、罐裝的、曬乾的以及果汁，也為飲食的三分之一，並儘量選擇多類品種，每日不少於五種。水果與蔬菜富含維他命和纖維，深綠色的蔬菜含鐵多，柑橘類植物中的維他命C可以幫助吸收鐵。
3. 牛奶和奶製品，此類食品富含蛋白質和鈣，應適量攝取。
4. 豆類和堅果類，此類食品富含蛋白質和維他命等，應適量攝取。
5. 帶脂肪和糖類的食品，包括甜食、餅乾以及油炸的食品等，此類食品少量攝取。

## 四、增進健康的節食法

我們知道，有些腸胃疾病和不適，確需減食調養，少吃東西能讓消化系統得到休息，減輕身體的過度負荷，使生理組織恢復活力，白細胞和抗體充分發揮驅除細菌病毒的效能。

有很多疾病是由於飲食太多太雜引起的，中醫有「飲食自倍，腸胃乃傷」之説，飲食過量會引起消化不良、胃腸疾病，影響營養成分的吸收或者過多的養分留在體內排不出去，導致肥胖、動脈硬化、高血壓等慢性疾病。因此，減少或適量飲食，可以防治疾病，還可以減少毒素的積累，這些對於強身健體無疑是有益的。

我們提倡素食，也是因為素食是傳統飲食文化的精髓之一。尤其是文中提到的一些經典素食，背後都有一定的文化背景，令人深思。當然，這些故事中涉及的食材有些是後世廚師改良加入的，甚至有些故事本身就有些神話色彩，但這並不妨礙我們對其內涵的理解，因為故事的主人公的事迹才是我們要學習的。

# 素食烹飪方法介紹

中國的素菜烹飪，歷史悠久，內容豐富，菜餚製作精湛，花樣品種繁多，色、香、味、形俱佳，富有絢麗多彩的民族特色，在世界上享有極高的聲譽。

中國是一個國土遼闊潤的多民族國家，各地區、各民族的飲食習慣、口味愛好各有不同，烹調方法也各有特色。例如：京菜擅長溜、炸、爆、烤，菜餚取其脆、嫩，口味重鮮；川菜以乾燒、乾炒、魚香、宮保等最為突出，菜餚入味，口味重酸、辣、麻；粵菜配料較多，善於變化，形態美觀，講究鮮、嫩、爽、滑，色香分明；閩菜以清湯、乾炸、爆炒見長，調味常用紅糟，口味重於甜酸；徽菜向以烹製山珍野味而著稱，擅長燒、燉，講究火功，善於保持原汁風味；浙菜製作精細，以爆、炒、燴、炸為主，清鮮爽脆；湘菜採用燻臘的原料較多，烹調方法以燻、蒸、乾炒為主，口味重酸辣；魯菜則擅用清湯、奶湯，清湯清澈見底，奶湯色白如乳等等，體現了各地菜餚的不同風味和特色。

素菜，同樣也不例外，只是有原料、調料的葷素之分而已。

本書所介紹的素菜烹調方法，是我們祖輩的素食廚師，結合我們的素食實踐經驗，並且吸取了各地口味特色寫成的。隨着我們的生活水平不斷地提高，素菜世界的形勢不斷地向前發展，菜餚的色、香、味、形也同樣不斷地改進，在這裏和大家一起分享。

## 一、各種素菜的特點

素菜的主料是素的、配料是素的、調料也是素的。比如燒素海參，它的主料「海參」是用生粉、海苔、木耳經過加工製成的；配料則是腐竹、筍乾、金針菜、青紅椒等等。有時也用素肉丸、素蛋糕之類，那都是豆製品等素食材做成的假肉丸、假蛋糕；調料用油只用植物油。總之，從原料、配料到調料全是素的。雖然全是素的，但是做成的菜餚形象逼真，別有風味，只是口味上與葷菜稍有區別。

## 二、素菜的刀工

素菜的刀工，要求也比較嚴格。素菜原料都含有各種營養成分，在初步加工時，要盡可能地使這種養分保存下來，做到不損失或者少損失。如白菜、菠菜等葉菜類，是我們日常吸收維他命和礦物質等養分的重要來源，但它們所含的營養，很容易在水中溶解流失，也容易遭受日光、空氣的影響而受到破壞。因此，在加工之前，盡可能先洗後切，並且存放的時間越短越好，以減少養分的損失。

在初步加工時，也必須注意不要影響菜餚的色、香、味、形。就是說，通過刀工，將烹調的原料根據需要切成整齊美觀的各種形狀，這樣烹調出來的菜餚，不僅會更加美觀，也會更加美味。所以，切好的主料、配料，不論是丁、條、絲、塊或其他形狀，都要粗細一致，厚薄均勻，大小、長短一樣。如果切出的菜大小、長短不一，粗細厚薄不同，或者條與條之間、絲與絲之間、塊與塊、片與片之間藕斷絲連，不但嚴重影響菜餚外型的美觀，而且也影響着色、味。因為如果切得不均勻，在烹調時，細的、薄的、小的已經熟了，而粗的、大的、厚的還沒有熟，這時出鍋，不但不好吃，而且對身體不利。如果等粗的、大的、厚的熟了再出鍋，那些細、小、薄的原料已經過熟，或者已經不成形狀了。所以，要做好美觀適口的菜餚，必須首先注意刀工。

另外，素菜的雞、魚、肉、蛋都是以葷菜命名，如果刀工不好，就會直接影響美觀，也不會那麼形象，更談不上逼真。

## 三、素菜的原料成型和成熟

葷菜的原料可以直接取來用刀加工成需要的形狀，再進行烹調。而素菜則需要先做成需要的形狀，經過烹蒸、油炸等處理後，才能成為原料；再根據需要進行加工，然後才能烹飪。

例如清湯雞，葷菜直接取一隻雞，經過宰殺等處理，就可以進行烹調。素菜則是以豆腐、生粉、筍乾、木耳、腐皮等，經過刀工處理，加配料調拌成餡後，再經過一番細緻的處理，製成雞形，用雞形原料經過再加工和其他工序，才能進行烹調。

素菜的原料成型，是一個精心細緻的工作，它的好壞，直接關係到菜餚的色、香、味、形。所以，製作之前，必須首先根據需要選擇合適的原料，再經過精心的切配、定型，為菜餚的烹調打下良好的基礎。製成的原料，也要盡可能做到形象逼真。

另外，在原料成型、成熟之前，還需要適量地加一些口味。因為素菜不同於葷菜，葷菜可以長時間地燜、煮，而且它本身就是一種完整的原料，營養成分高，鮮香味濃；而素菜則是幾種原料製成的，長時間地燜、煮會變味變形，影響口味和美觀。所以，製作原料時，鹹味菜要加一些細鹽等調味品，甜味菜加一些糖類調味品，使原料本身帶有基本口味，烹調時就很容易入味了。

## 四、素菜的配料及調料

前面已經説過，素菜的配料也全是素的。那麼，選料時就要更加細心，根據主料的形狀和要求，選擇比較合適的配料。配料的好壞，直接影響着菜餚的色、香、味、形，當然葷菜也是如此。但是葷菜的配料選擇就隨意得多，因為它的主料本身就有很好的口味，而且色、形都比較美觀，烹調出的菜餚色、味、形俱全。素菜就不同，它的主料是由幾種素的原料加工而成的，沒有葷菜主料那種特殊的口味和色、形。主料的口味，又是用調味品調和的，也只是一些素味，它的色、形是利用食用色素和刀工所成。所以，素菜配料的選擇，就比葷菜難得多，不僅要考慮它的口味，而且還要顧及它的色、形。有的主料口味不夠，就要用配料的口味來補上；有的色、形不太美觀，也需要用配料來裝飾添彩。所以，要嚴格選料，盡一切可能地選好料。

調味料也是烹調的一個關鍵，菜餚的色、香、味，要靠調味料來決定，現有的素食調味料太簡單，特別是有些寺院只有糖、鹽、醬油，味精都不用，料酒更不用，鮮味料只有蘑菇，「香味」就靠炒菜的技巧了。素菜應該根據菜餚的名稱、特點來選擇調料。例如清湯雞，在「雞」字的前面已經說出了它的特點——清湯。清湯應色清，清澈見底。所以它就不能用有顏色而渾濁的調味料。又如奶汁白菜，奶汁色白，就不能清澈見底。又如紅燒魚，就應當加一些醬油等有顏色的調味料。總之，要根據菜餚的需要適量地使用調味料。

烹調用油量，相比之下，素菜比葷菜用的多。因為葷菜的原料本來就帶有油脂，素菜沒有。如果用油量也同葷菜一樣多，那麼，口味就會差，色、形也不會美觀。另外，素菜用油全是植物油，植物油的香味比動物油小，但是也要用得適量。

烹調用湯：素湯和葷湯有根本的不同，葷湯是用雞、鴨，或者其他動物的骨頭煮成，口味特別鮮美；素湯則是素類原料製成，鮮味比葷湯差很多，所以，素湯就要用菌類等調味品提味。

總而言之，要把素菜做得更好，必須做到選料精，刀工巧，配料合理，烹調適宜，掌握好火候等。

## 五、素菜的烹調與裝盤

素菜的烹調與葷菜基本相同，只是比葷菜多一個原料成型、成熟的工序。

素菜的裝盤很重要，因為素菜本來就比不上葷菜，從色、香、味、形上就差得多，如果再不精心裝盤，就不引人注目，也就失去了素菜的特色。

特別是涼菜和花色菜，不但要口味適宜，而且要擺得好看，形象逼真。在平時，就要注意葷菜的種類和擺盤法，比如雞的形狀，魚的種類，肉的肥瘦等等。

為了使菜餚更加美觀，還需要用食材雕刻一些花、鳥、獸、蟲之類，裝飾在盤邊上或菜餚上。一般來説，裝飾的花鳥魚蟲之類都是用蘿蔔、馬鈴薯、萵筍等脆性食品雕刻而成，只是為了觀賞，並不食用。若要食用，必須再經過烹調加工，或用一些已經熟了的原料雕刻。

我們做出的素菜菜餚，要本着這樣一個原則：要把每一個菜餚都做得美觀大方、形象逼真，色、香、味、形俱佳，使食者捨不得立即將它吃掉。

素菜的烹調工藝與葷類從根本上也有區別，如烤與㸆，素菜的美味除了靠自然的原料味、調味品之外，火候的控制也十分重要。在很多寺院做的素菜中，「烤」實際上是「㸆」，要求湯少，速度快，成熟味好，這就是素菜比葷菜難做的根本原因。素菜原料成熟快，但味道難控制。因此，本菜譜出現「烤」與「㸆」時，一定要分清楚。

【菜品營養】

羊棲菜含有豐富的多醣、食物纖維素、維他命B雜、褐藻酸和多種微量元素，有促進造血、增強免疫力的功效。羊棲菜對高血壓、肥胖症等也有一定療效。

巧拌羊棲海菜鮮

# 拌羊棲菜

## 【菜品故事】

羊棲菜是一種海藻，深受日本民衆的青睞，被譽為「長壽菜」。用羊棲菜做的日本料理有很多，其中拌羊棲菜非常有名。根據神話傳說在古代的溫州洞頭有一片森林，那裏的狐狸都喜歡吃羊棲菜。起初，人們不敢吃，看到狐狸吃了沒事，就把羊棲菜與豌豆同拌，味道出乎意料地好。由於羊棲菜易於保存，農民下地時，經常把它當乾糧，無論熱食還是涼拌，味道都很不錯。

成菜爽口油光發亮，有獨特風味。

**【主料】** 已浸泡羊棲菜500克

**【配料】** 豌豆50克，藍莓5個

**【調料】** 鹽5克，米醋15克，醬油15克，花椒油10克，素湯（做法見第35頁）適量，花椒2克

**【菜品製作】**

1 將羊棲菜洗淨焯水（焯水時溫度為80℃，速度要快），晾涼待用。

2 將豌豆洗淨，加素湯煮熟，加入少許鹽、花椒調味。

3 將晾涼的羊棲菜加鹽、米醋、醬油、花椒油拌勻，倒在盤上面，將煮好的豌豆圍邊，用藍莓裝飾即可。

【菜品營養】

紫椰菜不僅營養豐富，而且結球緊實，色澤艷麗，抗寒，耐熱，產量高，耐貯運，是一種很受歡迎的蔬菜。紫椰菜既可生食，又可炒食，具有特殊的香氣和風味。

## 快速爆炒五彩球

# 爆椰菜絲

【菜品故事】

紫椰菜炒熟，待晾涼後再吃別有風味。峨眉山的一些寺院，將紫椰菜切成絲，快炒爆香，味道十分清新，是下飯的好食材。十年前作者去峨眉山寫稿時，峨眉山的萬年寺做了這道菜，品嘗後感覺十分爽口，於是將這道菜記錄下來。

**【主料】** 紫椰菜250克

**【配料】** 椰菜200克

**【調料】** 鹽10克，白糖5克，橄欖油25克

**【菜品製作】**

1 將兩種椰菜洗淨，切細絲。

2 高壓鍋加油燒熱，放入雙絲，用鹽和白糖調味，快速翻炒3秒至味道均勻。

3 盛器中加冰水，將炒好的椰菜絲放在上面即可。

**注意事項：** 用高壓鍋炒製雙色椰菜，只用 3 秒鐘，因鍋體都是熱的，椰菜會熟得很快，為保持椰菜的鮮脆口感，用特殊容器盛放，可使菜餚更脆、更爽。

【菜品營養】

白蘿蔔具有清熱生津、涼血止血、下氣寬中、消食化滯、開胃健脾、順氣化痰的功效。白蘿蔔對急慢性咽炎有一定的治療作用。

## 白玉蘿蔔似清明

# 白醃蘿蔔

【菜品故事】

相傳，清乾隆年間，鄭板橋任山東濰縣縣令，他為官清廉，頗受民眾擁戴。有一年，朝廷派了一位婁姓欽差到山東巡查。他令隨從用大紅紙封了一百兩銀子給鄭板橋。依照「送一還十」的習俗，婁欽差以為能淨得銀子九百兩。鄭板橋卻將銀兩充公，還了欽差一顆大蘿蔔，並賦詩一首：「東北人參鳳陽梨，難及濰縣蘿蔔皮。今日厚禮送欽差，能驅魔道兼順氣。」醃蘿蔔這道菜由此流傳下來。

此菜是江南一帶的寺院中必不可少的菜餚，醃製簡單，但要做到好吃卻並不簡單。

【主料】白蘿蔔200克

【調料】鹽25克（根據個人口味），白糖10克，芝麻油15克，白醋5克

【菜品製作】

1 將白蘿蔔洗淨去皮，切成 6厘米長的條。

2 將蘿蔔條用鹽醃1小時，溫度控制在20℃左右。

3 沖洗浸泡（水的溫度控制在15℃左右），瀝乾水分，再加入剩餘鹽、白糖調味，放入雪櫃醃1小時。

4 上桌前調入白醋、芝麻油，拌勻即成。

【菜品營養】

紅蘿蔔不但有去痰、消食、除脹和下氣定喘的作用，而且可防止血管硬化、降血壓及降低心臟病發病風險。青瓜味甘，性涼，具有除熱、利水利尿、清熱解毒的功效。

## 涼拌鮮花牡丹香

# 生吃雙花

【菜品故事】

傳說，某年冬天，武則天帶隨從到上苑飲酒賞雪。突然，她發現在白皚皚的雪堆裏，出現點點燃燒跳躍的火苗。仔細一看，原來是朵朵盛開的紅梅。武則天高興極了，禁不住吟詩一首。有隨從說：「陛下，梅花再好，畢竟是一花獨放。如果您下道聖旨，讓這滿園百花齊開，豈不更稱心意嗎？」武則天大悅，命御廚做了道名為「牡丹盛開」的菜品以示慶賀。從此這道菜的名聲傳遍大江南北。

成菜爽脆可口。

**【主料】** 紅蘿蔔150克，青瓜150克

**【調料】** 鹽5克，醬油15克，米醋25克，白糖5克，辣根5克，芝麻油5克，冰鎮礦泉水適量

**【菜品製作】**

1 選擇色澤泛紅的紅蘿蔔和嫩綠的青瓜。

2 將紅蘿蔔、青瓜洗淨，用特殊刀具刻成花狀。將做好的雙花加冰鎮礦泉水，待水沒過原料，快速放入雪櫃內冰鎮。

3 碗中加醬油、米醋、白糖、辣根、鹽調味，再加入芝麻油調成蘸汁，與雙花一起上桌、蘸食即可。

【菜品營養】

白蘿蔔具有下氣、消食、除疾潤肺、解毒生津、利尿通便的功效。

## 醬花蘿蔔長壽菜

# 醬花蘿蔔

【菜品故事】

中國南北都有醃蘿蔔的風俗習慣。因白蘿蔔一年四季皆有，製作方便。「醬花蘿蔔」是採用醬醃的方式製作。宮廷裏常常加蜂蜜來醃製，以達到香脆可口、舒滑的口感。

成菜色澤美觀，口感脆香可口。

**【主料】** 白蘿蔔350克

**【調料】** 美極鮮醬油25克，鹽30克，白糖2克，蜂蜜5克，白醋1克

**【菜品製作】**

1 將白蘿蔔洗淨去皮，切成花瓣形狀，加鹽拌勻，醃製15分鐘後撈出沖泡，沖去鹽分，放入雪櫃內待15分鐘。

2 將白蘿蔔拿出，瀝乾水15分鐘。

3 將美極鮮醬油、白糖、白醋、蜂蜜調好，倒在蘿蔔上拌勻，擺成花瓣狀即成。拌好的蘿蔔最好在15℃左右食用，口感最佳。

## 【菜品營養】

花生本身是高熱量、高蛋白和高脂類的植物性食物，不含膽固醇和反式脂肪酸，而且富含微量營養素，有重要的保健作用。

## 老醋花仁養生福

# 老醋花生

**【菜品故事】**

傳説，元人劉秉忠十七歲任節度府令史，未幾便棄官入山讀書，對易學等很有研究。隨着歲月推移，知識面拓寬，又接觸了佛典，讀之有省，盡棄前學，入武安（河南彰德）山中剃髮為僧，法名子聰。劉秉忠常年食素，尤愛吃醋泡花生。

成菜色澤金黃，味酸甜脆香。

**【主料】** 花生250克

**【配料】** 芫茜段15克

**【調料】** 鹽3克，白糖2克，陳醋30克，橄欖油750克（實耗25克）

**【菜品製作】**

1 將花生溫水浸泡2分鐘。

2 鍋內加橄欖油燒熱，下花生炸至金黃、酥香，晾涼撈出。

3 將炸好的花生裝入盛器中，加鹽、白糖、陳醋調味，蓋上蓋，醃製15分鐘，出鍋後撒上芫茜段即可。

【菜品營養】

猴頭菇又叫猴頭菌，是中國傳統的名貴素食材料，肉嫩、味香、鮮美可口，遠遠望去似金絲猴的頭，故稱「猴頭菇」。

亨通百財菜魁首

# 扒猴頭菇

【菜品故事】

《西遊記》的故事大家都不陌生。因孫悟空打死六名強盜，遭唐僧數落，孫悟空一怒離去。觀音菩薩化作一位老婦，傳給唐僧一頂嵌金花帽，一道緊箍咒，哄騙孫悟空戴上，金箍嵌入肉中。唐僧唸動咒語，孫悟空就頭疼難忍，以此為唐僧約束孫悟空的手段。後來佛家以吃猴頭菇為警戒。

猴頭菇是菌類之王，此菜是選用優質、無雜質的猴頭菇為主料，配以杞子製作而成。

成菜脆嫩爽口，色澤悦目。

**【主料】** 水發猴頭菇750克

**【配料】** 杞子10克，薑片15克，冬菇、竹筍各適量

**【調料】** 白糖2克，鹽5克，生粉水30克，熟橄欖油20克

**【菜品製作】**

1 將冬菇和竹筍放入水中煮製，材料和水的比例為3:10，待煮至水剩1/3時即成素湯。取120克素湯備用。

2 水發猴頭菇洗淨，切成大厚片，待用。

3 將猴頭菇擠乾水分後滄油，待用；杞子用涼水洗淨，在涼水中浸泡待用。

4 碗中抹少許油，擺入猴頭菇，加薑片、素湯，放入蒸籠蒸製40分鐘，取出，反扣在盤中。

5 將蒸製好的猴頭菇原汁滗出，放入鍋中，加杞子、鹽、白糖、生粉水調味，勾芡，加熟橄欖油攪匀，澆在蒸好的猴頭菇上即可。

【菜品營養】

金針菜性味甘涼，有止血、消炎、清熱、利濕、消食、明目、安神等功效，對身體貫通、失眠、乳汁不下等有一定療效，可作為病後或產後的滋補品。

三色銀條金針菜

# 三色金針

## 【菜品故事】

嵇康《養生論》云「萱草忘憂」。人們日常用來佐膳的金針菜，學名萱草。它已有兩千多年的栽種歷史，是中國特有的土產。據《詩經》記載，古代有位婦人，因丈夫遠征，在家宅北堂栽種萱草，藉以解愁忘憂，此後，人們又稱萱草為「忘憂草」。它是觀賞價值、營養價值和藥用價值都很高的食材，深受佛家喜愛。佛家做的三色金針菜受到廣大食客的好評。

成菜紅、黃、綠三色相映，色艷美觀，味鮮香。

**【主料】** 乾金針菜400克

**【配料】** 冬筍40克，紅蘿蔔40克，剛發芽的黃豆芽適量

**【調料】** 薑片10克，鹽15克，生粉水50克，芝麻油5克，素油適量

**【菜品製作】**

1 將黃豆芽用素油炒香，再加開水煮製。黃豆芽和水的比例為1:3。用小火煮至水剩1/2即成黃豆芽鮮湯。取100克鮮湯待用。

2 乾金針菜去蒂，用涼水浸泡15分鐘，洗淨。

3 將紅蘿蔔、冬筍切絲，分別焯水，浸泡5分鐘。

4 鍋中加油，燒熱，下薑片爆香，加入黃豆芽鮮湯、鹽，放入金針菜、冬筍絲、紅蘿蔔絲翻炒均勻。

5 炒香後勾芡，快速翻炒幾下，出鍋淋上芝麻油即可。

【菜品營養】

青辣椒含有豐富的維他命C。吃飯不香、飯量減少時，在菜裏放上一些辣椒就能改善食慾，增加飯量。辣椒還具有促進血液循環的作用，可以改善怕冷、凍傷、血管性頭痛等症狀。

## 青椒鳳尾豆豉釀

# 豆豉青椒

【菜品故事】

青辣椒是明末從美洲傳入中國的，但起初只是作為觀賞植物和藥物使用。明朝末年，太倉黃翼聖任新都（今屬成都市）縣令，他勤於政務，體恤民情，深受黎庶擁戴。他愛吃豆豉青椒，每逢齋僧，親呈食具，將豆豉青椒作為主菜呈上，僧侶們對此菜評價甚高。

成菜清脆香嫩，味美可口。

**【主料】** 青椒300克

**【配料】** 豆豉100克，黃豆芽適量

**【調料】** 白糖10克，芝麻油5克，薑末3克，素油適量

**【菜品製作】**

1 將黃豆芽用素油炒香，加開水熬成湯即成黃豆芽鮮湯。取15克備用。

2 青椒洗淨，從側面開口，去除籽，瀝乾水分。

3 豆豉加薑末、芝麻油、白糖、黃豆芽鮮湯，放入蒸籠蒸20分鐘至熟。

4 鍋中加油，將蒸好的豆豉釀入青椒內，再放蒸籠蒸製5分鐘即成。

**註：** 為增加菜式美觀，加添杞子裝飾。

【菜品營養】

椰菜花質地細嫩，味甘鮮美。椰菜花嫩莖纖維少，烹炒後柔嫩可口，適宜於中老年人、小孩和脾胃虛弱、消化功能不強者食用。

# 香㸆菜花

**【菜品故事】**

「㸆」的烹調方法來源於山野人少的區域。將一把柴草點燃把食物烹熟，湯汁㸆乾，做成的菜品味道濃郁。無論佛家、道家，都奉椰菜花為養生上品。椰菜花原產於地中海沿岸，漢朝時被帶入中國。椰菜花的粗纖維含量少，品質鮮嫩，營養豐富，風味鮮美，是深受僧侶喜愛的蔬菜。

成菜質地脆嫩，奶香味醇厚。

**【主料】** 鮮椰菜花250克

**【配料】** 鮮蘑菇150克

**【調料】** 牛油30克，鹽20克，白糖25克，芝麻油10克，麵粉75克，橄欖油50克，薑片4克，素油適量

**【菜品製作】**

1 將椰菜花洗淨，用手掰成小塊，待用。

2 將鮮蘑菇洗淨、切丁，待用。

3 鍋中加油燒熱，放入薑片爆香，下椰菜花以小火煮5分鐘至湯汁收乾，放入盤中擺成扇形。

4 鍋中再入油，下薑片爆香，加入鹽、白糖、牛油、麵粉調成糊，放入鮮蘑菇攪勻，再加橄欖油、芝麻油調勻，澆在椰菜花上即成。

【菜品營養】

蘆筍營養豐富，風味獨特，富含多種氨基酸、蛋白質和維他命，特別是蘆筍中的天門冬醯胺和微量元素硒、鉬、鉻、錳等，具有調節機體代謝，提高身體免疫力的功效。

鮮㸆蘆筍自佛國

# 鮮㸆蘆筍

## 【菜品故事】

蘆筍原產於地中海東岸及小亞細亞地區，已有兩千年以上的栽培歷史。中國栽培蘆筍是從清代開始的，僅有百餘年歷史。蘆筍也被稱為「龍鬚菜」，史料上載「康熙皇帝尤其愛吃壇內龍鬚菜（天壇產）」，並將它列為御膳貢品，一時身價百倍，成了京城珍奇菜餚。

成菜質地細緻，味道芳香。

**【主料】** 蘆筍400克

**【配料】** 鮮牛奶50克

**【調料】** 鹽5克，白糖2克，生粉水30克，素湯（做法見第35頁）100克，芝麻油20克，果膠少許

**【菜品製作】**

1 將蘆筍去老根（老根可以煲湯用）後洗淨，用瓷刀在莖部劃幾刀，撒少許鹽入味。

2 鍋內加湯汁，加入鹽、白糖調味，放入切好的蘆筍5分鐘。將蘆筍取出，用果膠黏在一起，擺入盤中。

3 將牛奶入鍋熬稠，加生粉水勾濃芡，淋上芝麻油，澆在蘆筍上即成。

【菜品營養】

筍食用和栽培歷史極為悠久。《詩經》時就有「加豆之實，筍菹魚醢」、「其蔌維何，維筍及蒲」等記載。筍中含有一種白色的含氮物質，具有促進消化、增強食慾的作用。

## 象牙雪筍寶塔鐘

# 象牙雪筍

**【菜品故事】**

孟宗，三國時期江夏人，年少時父親就去世了，與母親相依為命。

傳說，一日，母親身體不適，醫生開出藥方，需用新鮮竹筍做湯服用。正值寒冬，遍尋不到鮮筍，小孟宗無計可施，獨自跑到竹林，扶竹而哭。哭聲打動了身邊的竹子，於是奇蹟發生了，只聽「呼」的一聲，地上瞬間長出了許多嫩筍。小孟宗破涕為笑，小心地摘取了竹筍，歡歡喜喜回了家。母親喝了筍湯之後身體果然大有好轉。雪菜燒竹筍寓意孝順。

成菜造型美觀。

**【主料】** 淨鮮春筍300克

**【配料】** 雪裏蕻梗150克，雪裏蕻適量

**【調料】** 白糖2克，熟橄欖油10克，素油適量

**【菜品製作】**

1 將雪裏蕻用素油炒香，加開水燉製，水和雪裏蕻的比例為1:3，待水剩下1/2時停火。倒出湯，取60克備用。

2 將春筍去皮、根，洗淨，用瓷刀加工成象牙片，焯水。雪裏蕻梗洗淨，切末。

3 鍋中加雪裏蕻湯、白糖調味，製成湯汁。將春筍擺在盤中，澆上湯汁，放入蒸籠蒸製35分鐘，取出，潷出原汁待用。

4 鍋中加熟橄欖油燒熱，加入雪裏蕻末炒至濃香，再加潷出的春筍原汁，圍在春筍周圍即可。

【菜品營養】

金針菇中含有一種叫樸菇素的物質，能增強機體對癌細胞的抗禦能力。金針菇能促進體內新陳代謝，對生長發育也大有益處，因而有「增智菇」、「一休菇」的美稱。

萵苣味道清新且略帶苦味，可刺激消化酶分泌，增進食慾，對高血壓、水腫、心臟病有一定的食療作用。

## 白玉金針展翅飛

# 扒金針菇

【菜品故事】

陶侃，字士衡，東晉名將。他特別愛吃蒸製的金針菇。傳說，任廣州刺史時，夢到跟從五台山衆僧同食金針菇，醒後，他命家廚烹製此菜，送給僧侶食用。僧侶品其味，無不稱讚叫好。從此，這道菜餚就流傳了下來。在廣東，以金針菇做成的菜餚特別多，深受廣大食客喜愛。

成菜色形美觀，味極鮮，嫩滑爽口。

**【主料】** 鮮金針尖300克

**【配料】** 萵筍70克，冬筍根適量

**【調料】** 鹽5克，生粉水30克，芝麻油3克，素油適量

**【菜品製作】**

1 將冬筍根切成丁，用素油炒香，加開水熬製，即成冬筍尖鮮湯。取100克備用。

2 鮮金針菇去蒂（蒂可以用於燉素高湯），去頭，洗淨，焯水，用涼水浸泡15分鐘，擠乾水分。萵筍切絲備用。

3 取一小碗抹上油，將金針菇順條擺入碗中，將萵筍絲也填入碗中，加鹽、鮮湯調味，澆在金針菇上面。

4 將擺好的金針菇放入蒸籠蒸45分鐘，滗出味汁留用，扣入盤中。

5 鍋中加入滗出的湯汁，燒至沸騰時用生粉水勾芡，淋芝麻油，澆在金針菇上即成。

【菜品營養】

現代醫學研究發現，蘑菇裏含有多種抗病毒成分，並有增強人體免疫機能的作用。

燒出三圓三生美

# 扒燒三圓

**【菜品故事】**

周顗，東晉汝南安成人，兩晉名士、大臣，西晉安東將軍周浚之子。周顗崇信佛法，喜與僧侶交往。當時西域高僧帛尸梨蜜多羅翻譯經書，周顗非常欣賞。周顗初次拜見帛尸梨蜜多羅時，請他吃「素三圓」，大師品後，非常高興。

成菜形態美觀，彩色艷麗，質爽滑，味鮮嫩。

**【主料】** 鮮蘑菇20顆（約200克）

**【配料】** 萵筍1條（約100克），紅蘿蔔1條（約100克）

**【調料】** 鹽5克，黃豆牙鮮湯（做法見第37頁）75克，生粉水10克，芝麻油3克，薑油20克

**【菜品製作】**

1 將蘑菇、萵筍、紅蘿蔔洗淨，用球形刀具製成球狀。將蘑菇和萵筍焯水，在涼水中浸泡10分鐘。

2 將紅蘿蔔球煮透至熟。

3 鍋內加薑油，下蘑菇、萵筍、紅蘿蔔煸炒，加黃豆芽鮮湯用小火燒至酥爛，勾芡，淋芝麻油即成。

【菜品營養】

番茄，原產於南美洲，中國南北方皆廣泛栽種。番茄營養豐富，具有特殊風味。番茄所含的「茄紅素」有抑制細菌的作用，所含的蘋果酸、檸檬酸和糖類，有助於消化吸收。

# 番茄草菇

【菜品故事】

傳說，有一年初秋，有一位皇帝大病不起，太醫無計可施。一日，一個名叫聖的侍女在花園深處摘得一顆火紅的果實，將其帶回宮中，衆人都說沒見過。侍女把那紅色果實放在桌子上，一陣清風吹過，這果實竟化為一道青煙，飄入皇帝的寢宮。不久，皇帝竟然神奇地康復了。轉年初秋，後宮的花園裏竟結滿了那樣的果實。皇帝得知是侍女聖發現的果實，於是將其命名為「聖女果」，並讓御廚創作一道菜品。御廚絞盡腦汁，終於做出了這道菜。從此，這道菜流傳開來。

成菜形色艷美，脆滑爽口。

【主料】 番茄10個（約400克）

【配料】 草菇450克，水發木耳20克，紅蘿蔔20克

【調料】 薑片5克，白糖5克，醬油10克，冬筍尖鮮湯（做法見第47頁）30克，生粉水20克，芝麻油3克，素油適量

【菜品製作】

1 選用大小一致的番茄，用特殊刀具挖去瓤，用溫鹽水浸泡。

2 將草菇、水發木耳、紅蘿蔔洗淨，切成小丁。

3 鍋內加油，下薑片爆香，加白糖、醬油、冬筍尖鮮湯調味，放入切好的草菇、木耳、紅蘿蔔大火炒製，收乾湯汁。

4 將挖空的番茄用廚房紙吸乾水分，釀上炒好的配料。

5 將釀好的番茄放入蒸籠，大火蒸製5分鐘，勾芡，淋芝麻油即可。

【菜品營養】

**中醫認為，綠豆芽性涼味甘，不僅能清暑熱、通經脈、解諸毒，還能補腎、利尿、消腫、滋陰壯陽、調五臟、美肌膚、利濕熱。**

## 銀芽冬菇雪中炭

# 銀芽冬菇

【菜品故事】

孫綽，東晉文士，博學能文，放情山水。後為庾亮、殷浩、王羲之等薦為參軍長史，轉任廷尉卿。孫綽素信佛法，喜與名僧交往，並寫了許多稱讚的詩詞，儘管別人有微詞，他仍我行我素。他喜歡用豆芽與冬菇做菜，寓意「黑白分明」。

成菜白中間黑，清香味美。

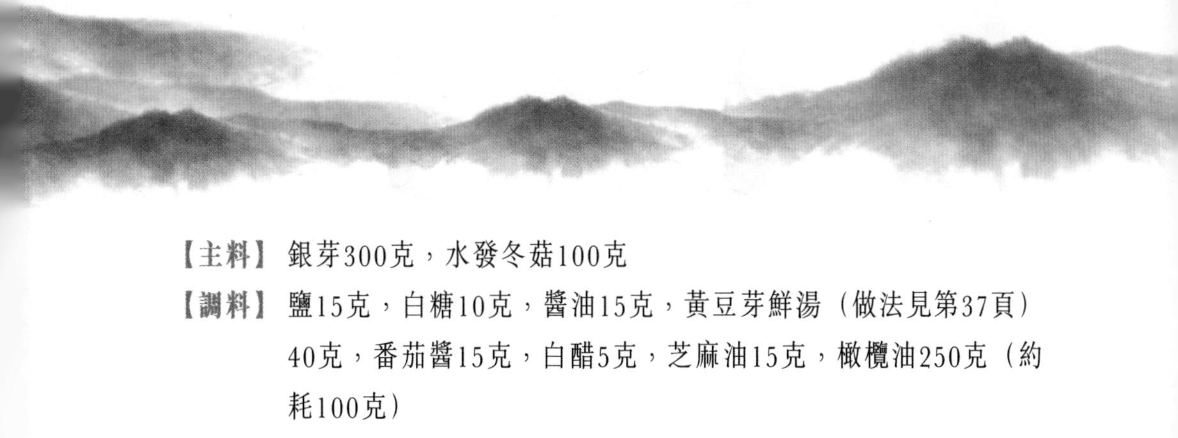

**【主料】** 銀芽300克，水發冬菇100克

**【調料】** 鹽15克，白糖10克，醬油15克，黃豆芽鮮湯（做法見第37頁）40克，番茄醬15克，白醋5克，芝麻油15克，橄欖油250克（約耗100克）

**【菜品製作】**

1 將新鮮的綠豆芽洗淨，去兩頭，製成銀芽，浸泡在水中。

2 將水發冬菇洗淨，切成細絲。

3 鍋內加橄欖油燒熱，加入銀芽，注入鮮湯、鹽、少許白醋調味速炒，將炒製好的銀芽放入盤一邊。

4 鍋內加油燒熱將冬菇絲軟炸，然後用白醋、白糖、番茄醬和少許醬油調成糖醋汁，炒拌成菜，加入芝麻油，放入盤的另一邊即成。

## 【菜品營養】

滑子菇含有粗蛋白、脂肪、碳水化合物、粗纖維、灰分、鈣、磷、鐵，一般人皆可食用。滑子菇不但味道鮮美，營養豐富，而且對保持人體的精力和智力大有益處。

滑菇鍋巴第一雷

# 鍋巴滑菇

## 【菜品故事】

何充，東晉大臣，字次道。據說，何充心性雍和，篤信佛法，製作蘑菇湯泡鍋巴供僧侶食用。後人為了紀念他，把「滑子菇鍋巴」傳了下來。

鍋巴金黃燦燦，與滑子菇滷汁同時入口，脆酥香鮮。

**【主料】** 米飯鍋巴300克

**【配料】** 滑子菇120克，薑末20克，蘑菇適量

**【調料】** 鹽10克，醬油10克，生粉水20克，熟橄欖油1000克（約耗50克），素油適量，鮮湯適量

**【菜品製作】**

1 將蘑菇切碎，用素油炒香，放入開水中用小火煮製。蘑菇和水的比例為1:3。待煮好後，取800克湯備用。

2 滑子菇去蒂、洗淨，焯水後瀝乾水，晾乾待用。

3 將米飯排入鍋底，小火烘乾，翻轉後將另一面小火烘乾，用圓形的模具製作成圓形鍋巴。

4 鍋內加熟橄欖油，放入鍋巴炸至酥香，擺入盤中。

5 鍋內加熟橄欖油，下薑末爆香，加入滑子菇煸炒，加鮮湯、鹽、醬油調味，用生粉水勾芡，倒入碗中上桌。

6 將上桌的鍋巴、滑子菇倒在一起，拌勻即成。

## 【菜品營養】

五香豆腐乾營養豐富，含有大量蛋白質、脂肪、碳水化合物，還含有鈣、磷、鐵等多種人體所需的礦物質。五香豆腐乾在製作過程中會添加食鹽、茴香、花椒、八角、乾薑等調料，既香又鮮，久吃不厭，有「九州乾糧」的美譽。

# 巧燒乾絲

## 九州乾絲僧先即

**【菜品故事】**

王導，字茂弘，琅琊（今山東臨沂北）人。他不但有才學，而且有很高的治軍才能。他雖身為高官，但信奉佛法，喜與僧侶結交，特別是對西域來的高僧十分敬重。他常常把家廚做的滷豆腐絲贈與僧人，僧人吃了，無不交口稱讚。滷豆腐絲也留傳至今。

成菜濃醇清香，味鮮美，別有風味。

**【主料】** 五香豆腐乾300克

**【調料】** 鹽3克，醬油20克，薑5克，八角1顆，黃豆芽鮮湯（做法見第37頁）300克，芝麻油25克

**【菜品製作】**

1 將五香豆腐乾洗淨，切成粗絲，浸入涼水中，撈出後入沸水中焯一下，待用。

2 鍋內加入鮮湯、鹽、醬油、薑，調味調色，加入八角燒至鍋沸，放入五香豆腐乾絲，小火煨製35分鐘。

3 在滷好的五香豆腐乾絲上淋上芝麻油，拌勻即成。

【菜品營養】

杏鮑菇營養豐富，富含蛋白質、碳水化合物、維他命及鈣、鎂、銅、鋅等礦物質，可以提高人體免疫力，具有降血脂、潤腸胃及美容等功效。

五香杏菇派彩霞

# 五香杏菇

## 【菜品故事】

據説，東晉大將桓沖篤信佛法，除閱讀經藏之外，還拜佛圖澄大弟子道安為師。他愛吃蘑菇，軍政之暇，他就派人到深山採摘。此外，桓沖還在襄陽建造名剎，建成了素食廚房「五觀堂」。「五觀堂」中最有名的一道菜就是五香杏菇。此菜深受僧侶們的喜愛。

成菜呈栗色，入口軟糯，香味濃厚。

**【主料】** 杏鮑菇500克

**【配料】** 紅椒50克，青椒50克

**【調料】** 白糖5克，鹽10克，熟橄欖油25克，生粉水20克

## 【菜品製作】

1 將杏鮑菇、青椒、紅椒分別洗淨，切成大小一致的長方塊。

2 鍋內加橄欖油，將杏鮑菇、青紅椒煸炒，加入鹽、糖調味，用生粉水勾芡。

3 將炒好的杏鮑菇、青紅椒按不同顏色碼入盤中即成。

【菜品營養】

豆腐為補益清熱養生食品，常食可補中益氣、清熱潤燥、生津止渴、清潔腸胃，更適合熱性體質、口臭口渴、腸胃不清、熱病後調養。

# 釀海帶角

香釀豆腐海帶角

【菜品故事】

豆腐是素菜裏的主角，有一句歇後語說「和尚不吃豆腐——怪哉（齋）」，說的就是此意。另有一句俗語「貴人吃貴物，平民吃豆腐」，說明了豆腐對普通老百姓的重要性。過去的窮人再窮，豆腐還是吃得起的。

成菜色澤金黃，軟嫩爽口。

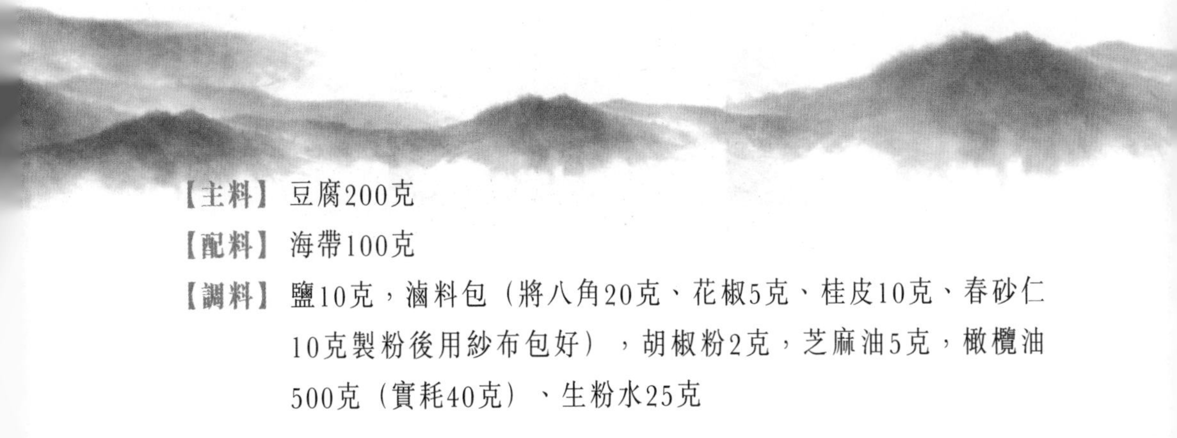

**【主料】** 豆腐200克

**【配料】** 海帶100克

**【調料】** 鹽10克，滷料包（將八角20克、花椒5克、桂皮10克、春砂仁10克製粉後用紗布包好），胡椒粉2克，芝麻油5克，橄欖油500克（實耗40克）、生粉水25克

**【菜品製作】**

1 將豆腐、海帶洗淨，切成三角形，吸乾水分。

2 鍋內加橄欖油，燒至150℃，放入切好的豆腐炸至金黃。

3 取一湯鍋加水1500克放入滷包，煮開加入切好的海帶，滷製30分鐘，浸泡10分鐘。

4 將炸好的豆腐在中央剈一刀，放入滷好的海帶。

5 蒸鍋加水燒開後放入製好的豆腐夾，蒸製15分鐘。

6 取出蒸好的豆腐夾，用原湯加胡椒粉調味、勾芡，淋芝麻油，澆在上面即成。

【菜品營養】

蓮子為荷花的種子，具有補脾止瀉、止帶、益腎澀精、養心安神之功效，常用於輔助治療脾虛泄瀉、帶下、遺精、心悸失眠等。

冬瓜蓮池甘汁香

# 瓜盅蓮子

【菜品故事】

謝靈運，東晉陽夏人，謝舉之子，謝玄之孫，自幼天資聰明，文才出衆，名冠鄉里。他自幼喜好佛學，深入經藏，研究佛理，愛吃蓮子與冬瓜製成的菜品。其家廚經常用冬瓜、蓮子做菜。慧遠圓寂之後，謝靈運十分傷心，為之撰寫了碑文，家廚以此菜為謝靈運解憂安心。此菜一直流傳至今。

成菜色澤白綠相配，口味淡爽。

**【主料】** 乾蓮子150克，冬瓜250克

**【調料】** 鹽10克，白糖75克，芝麻油5克

**【菜品製作】**

1 將乾蓮子洗淨浸泡1小時至軟，去芯，放入蒸籠蒸20分鐘至熟。

2 冬瓜雕刻成盅，用溫開水加鹽浸泡10分鐘，擦乾備用。

3 鍋內加水，放入白糖熬製成糖漿。將蒸爛的蓮子放入糖漿中裹勻。

4 冬瓜盅入籠蒸15分鐘，取出瀝乾，放入裹好糖漿的蓮子，淋芝麻油即成。

【菜品營養】

冬菇具有提高機體免疫功能、延緩衰老、防癌抗癌、降血壓、降血脂、降膽固醇等功效。因營養豐富、肉質嫩滑、風味獨特，冬菇早就被人們冠以「山珍」美譽。

## 半月沉江話古時

# 冬菇麵筋

**【菜品故事】**

南朝齊周顒是音韻學家。益州主簿，宋明帝愛惜周顒才能，常召入內宮密談。周顒以素食為主，特愛冬菇燒素雞。不樂塵囂，杜絕俗事，對佛教、道教、玄學頗有研究。偶一日，周顒帶冬菇燒素雞給明帝吃，明帝大悅，問之：「何菜？」周曰：「半月沉缸。」二人再觀天上明月，在缸中呈倒影之狀，謂其美也。

成菜造型雅麗，宛若半輪月影沉入江底，湯清味鮮。

**【主料】** 水發冬菇200克

**【配料】** 當歸5克，油麵筋100克，小竹筍尖50克

**【調料】** 鹽5克，胡椒粉2克，冬筍鮮湯（做法見第47頁）350克

**【菜品製作】**

1 將水發冬菇洗淨，片成大片。

2 將油麵筋洗淨、蒸熟，小竹筍尖、當歸洗淨切片。

3 取一小碗，將切好的冬菇擺入一邊成 「半月」形。

4 將切好的麵筋、小竹筍尖、當歸擺入碗的另一邊，壓實，加部分鮮湯。

5 將擺好的原料放入蒸籠大火蒸製25分鐘，取出扣在盤中。

6 鍋中加冬筍鮮湯、鹽、胡椒粉調味，用小勺將調好的汁澆在上面即成。

【菜品營養】

**千張中含有豐富的蛋白質，這些蛋白質屬完全蛋白質，不僅含有人體必需的八種氨基酸，而且其比例也接近人體需要，營養價值較高。**

千張三絲卷卷香

# 千張三絲

【菜品故事】

南北朝時，顏延之與謝靈運是兩大文人，齊名於當世。顏延之少貧孤，好讀書治學，且素信佛法，通曉經典。他愛吃千張，更愛吃千張卷菜。不但用千張卷，還用餅卷，這種製作方法流傳至今。

成菜爽口，唇齒留香。

**【主料】** 千張250克

**【配料】** 熟冬筍5片（約50克），萵筍50克，紅蘿蔔50克

**【調料】** 鹽5克，橄欖油20克

**【菜品製作】**

1 將千張用濕布蓋好，10分鐘後將千張加工成長方形，焯水至軟，再用濕布蓋好。

2 將熟冬筍、萵筍、紅蘿蔔洗淨，切絲。

3 鍋內加橄欖油燒熱，倒入冬筍絲、萵筍絲、紅蘿蔔絲炒香，加入鹽調味炒熟。

4 把千張鋪平捲入炒好的料，將兩頭修整齊，上桌即可。

【菜品營養】

馬鈴薯又名土豆、洋芋、洋山芋、山藥蛋、薯仔等。馬鈴薯含豐富的鉀，能夠幫助排除體內多餘的鈉，有助於降低血壓。

金玉滿堂披金裟

# 紅蘿蔔蓉

【菜品故事】

德清，字澄印，俗姓蔡，安徽全椒縣人。十九歲在金陵棲霞寺出家，初從雲谷禪師修習禪法，後隨無極明信學習華嚴教法。二十六歲時，德清北遊參禪，其思想重點在於禪教一致和禪淨合一上。他喜歡吃紅蘿蔔蓉。後人將紅蘿蔔蓉稱為「素蟹黃」，也叫「炒黃金」。

**【主料】** 馬鈴薯150克，紅蘿蔔250克

**【調料】** 鹽5克，米醋10克，白糖2克，薑末25克，熟橄欖油50克

**【菜品製作】**

1 將馬鈴薯、紅蘿蔔洗淨，切塊後蒸約30分鐘至熟，用刀背反覆拍砸，製成蓉狀。

2 鍋內加熟橄欖油，下薑末爆香，加入紅蘿蔔蓉、馬鈴薯蓉炒香，倒入米醋再炒，加鹽、白糖炒勻、炒香，裝盤即成。

【菜品營養】

冬瓜含蛋白質、糖類、胡蘿蔔素、多種維他命、粗纖維和鈣、磷、鐵等微量元素，其中鉀含量高，鈉含量低；冬瓜所含的丙醇二酸，能有效地抑制糖類轉化為脂肪。

## 清蒸冬瓜飄飄香

# 清蒸冬瓜

【菜品故事】

據清代傳説，杭州有一位奇異僧人，嗜食冬瓜，號為「冬瓜和尚」。住華嚴庵，為人緘默，平素衣衫襤褸，然神情奕奕，行動瀟灑。終日游走街市，經十餘年，緇素皆莫測其深淺。其臨終前留一偈語：「終日走街坊，心中念佛忙。世人都不識，別有一天堂。」冬瓜和尚最愛吃蒸冬瓜，此菜由此流傳至今。

成菜美觀悦目，富有冬瓜的清香味，質地柔軟，餡心香嫩脆爽，別有風味。

【主料】冬瓜（外皮要綠）500克

【配料】蘑菇25克，冬筍25克

【調料】鹽8克，冬菇鮮湯（做法見第215頁）50克，生粉水10克，芝麻油5克

【菜品製作】

1 將冬瓜去皮，留一層青色外皮最好。蘑菇、冬筍切片。

2 取一碗，抹上一層芝麻油。將冬瓜加少許鹽稍醃，切成薄片，加入蘑菇、冬筍壓實，冬菇鮮湯注入碗中。

3 將定型好的冬瓜放入蒸籠蒸45分鐘，潷出原汁，加鹽調味，勾芡，澆在冬瓜上即成。

【菜品營養】

白豆能維持鉀鈉平衡，消除水腫，提高免疫力，調低血壓，緩解貧血症狀，有利於生長發育；所含的維他命$B_1$能幫助機體維持消化腺分泌和胃腸道蠕動功能，抑制膽鹼酶活性，可幫助消化，增進食慾。

羅漢上素豆豆美

# 羅漢上素

【菜品故事】

世代奉佛的僧人，大部分愛吃各種豆子，將其蒸熟再炒，便於攜帶，容易充饑。如寺廟宴請就用各種豆炒製再烹而成的菜餚來招待香客。據說中國著名僧人玄奘在西行取經途中，就帶了不少滷羅漢豆（蠶豆）。

成菜脆嫩兼備，一菜多味，鮮香可口。

**【主料】** 水發白豆150克，青豆、水發黑豆、水發紅豆各50克

**【調料】** 鹽6克，胡椒粉2克，薑末15克，生粉水4克，橄欖油20克

**【菜品製作】**

1 將各種豆洗淨，分別裝入碗中浸泡1小時。

2 蒸鍋上火燒至水沸，放入各種豆子。根據豆子的老嫩品質不同調整時間蒸至熟。

3 鍋內加橄欖油，下薑末爆香，放入蒸好的白豆、黑豆、紅豆、青豆煸炒至熟，加入鹽調味，勾芡，小火炒勻出鍋，撒上胡椒粉裝盤即成。

【菜品營養】

中醫認為，茶樹菇具有補腎、利尿、治腰酸痛、健脾、止瀉等功效，是高血壓、心血管和肥胖症患者的理想食品。其味道鮮美、脆嫩可口，又具有保健作用，是受歡迎的食用菌之一。

溫火乾鍋菇飄香

# 燒茶樹菇

【菜品故事】

據傳，隋文帝楊堅幼年時深受佛教影響，篤信佛教。其稱帝後盡廢北周武帝父子毀佛之令。隋文帝自身崇佛，也喜歡吃茶樹菇做的素菜。

成菜鮮香醇郁，質嫩軟柔脆。

**【主料】** 茶樹菇250克

**【配料】** 水發冬菇200克，青紅椒50克

**【調料】** 鹽10克，薑絲5克，鮮湯（做法見第37頁黃豆芽鮮湯）50克，橄欖油25克

**【菜品製作】**

1 將茶樹菇去根、去沙，洗淨。

2 將水發冬菇、青紅椒洗淨，切絲待用。

3 將茶樹菇加鮮湯、少許鹽調味，放入蒸籠蒸製1小時，取出待用。

4 取一乾鍋燒熱，加橄欖油，放入薑絲爆香，倒入蒸好的茶樹菇翻炒均勻，再加冬菇絲、青紅椒絲，再加入剩餘鹽炒勻即可。

## 【菜品營養】

白扁豆味甘，性微溫，有一定的健脾化濕、利尿消腫、清肝明目等功效。

三豆爽爽情意濃

# 燒扒三豆

## 【菜品故事】

《菜根譚》是以處世思想為主的格言式小品文集。書中主人翁常以鹹白豆為下酒的菜餚，鷹嘴豆、松子更是他喜愛的食材。白豆自古以來都是補氣益智的食材，李時珍的《本草綱目》中記載白豆有益心臟、美容顏之功效。

成菜清香味鮮。

**【主料】** 白扁豆150克，綠蠶豆50克，松子仁20克

**【配料】** 白蘿蔔100克

**【調料】** 鮮薑5克，鹽6克，清湯30克，生粉水10克，橄欖油25克

**【菜品製作】**

1 將白扁豆洗淨，浸泡1小時。綠蠶豆洗淨，松子仁炸香。

2 將白扁豆蒸30分鐘，綠蠶豆蒸20分鐘。

3 將白蘿蔔切條，加鹽醃製10分鐘，擠出水，清炒後放入盤底。

4 鍋內加橄欖油，下薑爆香，加入白扁豆、綠蠶豆、松子仁炒勻，加清湯略燒，勾芡，出鍋盛在蘿蔔條上即成。

【菜品營養】

辣椒性溫，能使人通過發汗降低體溫，並緩解肌肉疼痛，因此具有一定的解熱鎮痛作用；辣椒強烈的香辣味能刺激唾液和胃液的分泌，增強食慾，且能促進腸道蠕動，幫助消化。

## 豆豉雙椒彩霞飛

# 豆豉雙椒

【菜品故事】

李叔同，從日本留學歸國後，當過教師、編輯等，後剃度為僧，法名演音，號弘一，晚號「晚晴老人」，後被人尊稱為「弘一法師」。他讓寺院廚師把自己種的青椒、大白菜等做成素菜。廚師做出此菜，配以米飯為主食。李叔同品嘗後讚不絕口。此菜由此流傳至今。

成菜色澤紅綠相間，味鹹鮮。

【主料】 青椒、紅椒各150克

【調料】 豆豉50克，白糖5克，薑片15克，素油適量、米醋10克，橄欖油20克，芝麻油5克

【菜品製作】

1 將青椒、紅椒洗淨，切成骨牌塊。

2 將豆豉加少許薑片、素油、白糖放入蒸籠蒸熟。

3 鍋內加橄欖油，下剩餘薑片爆香，加入米醋和蒸好的豆豉煸香，再加青、紅椒塊略炒至均勻，淋芝麻油即成。

## 【菜品營養】

豆角性甘、淡、微溫，歸脾、胃經；化濕而不燥烈，健脾而不滯膩，為脾虛濕停常用之品；有調和臟腑、安養精神、益氣健脾、消暑化濕和利水消腫的功效。

## 碧綠豆角清心爽

# 乾燒豆角

【菜品故事】

閻立本，唐朝畫家，雍州萬年（今西安）人。據説他酷愛吃長豆角製成的菜品。唐朝的時候，人們食長豆角，往往以生醃、醋醃、酸菜醃為主，而閻立本好吃燜製的長豆角。他令廚師去長豆角的兩頭，整條燒製，味道極好，人稱「長豆畫師」。

成菜碧綠爽脆，鮮香可口。

**【主料】** 新鮮長豆角300克

**【調料】** 薑末20克，鹽6克，白糖2克，鮮湯（做法見第37頁黃豆芽鮮湯）50克，橄欖油15克，芝麻油15克

**【菜品製作】**

1 將長豆角去兩頭，洗淨後放入開水鍋內焯水2分鐘，用涼水沖至涼透。

2 鍋內加油，下薑末爆香，加鮮湯、鹽、白糖調味，將長豆角盤入鍋中，加蓋，用小火燜5分鐘至香熟，待湯汁濃稠後淋入芝麻油，即成。

【菜品營養】

荷蘭豆性平、味甘，具有和中下氣、利小便、解瘡毒等功效，能益脾和胃、生津止渴、除呃逆、止瀉痢、解渴通乳、治便秘。其種子粉碎研末外敷有助於除癰腫。

雙豆齊飛相思莢

# 黑豆綠莢

【菜品故事】

唐尚書令岑文本，自幼信佛，常吃黑豆。據説某次他到吳地公幹，行至江中，船忽然壞了，全船人只有他幸存。他溺於水中之時，突然憶起唸佛可免難，於是開始默唸，突然被物觸身，抬頭一望，已到彼岸。自覺此事靈異，一掬布兜還有幾顆黑豆，遂銘記心中。

成菜豆莢碧綠清鮮，脆嫩味美。

**【主料】** 荷蘭豆200克，黑豆100克

**【調料】** 鹽5克，胡椒粉1克，白糖1克，橄欖油20克

**【菜品製作】**

1 選用新鮮的荷蘭豆，去兩頭，切成小段，洗淨。

2 黑豆洗淨後浸泡1小時，加少許鹽、白糖，放入蒸籠蒸20分鐘。

3 鍋內加橄欖油，將荷蘭豆速炒至綠，再加進蒸好的黑豆炒勻，加鹽、胡椒粉調勻，裝盤即成。

【菜品營養】

咖喱是由多種香料調配而成的醬料，常見於印度菜、泰國菜等地區菜系中。蘑菇所含的蘑菇多醣和異蛋白具有一定的抗癌作用，可抑制腫瘤的發生。中醫認為蘑菇味甘性平，有一定的提神消化、降血壓的作用。

咖喱蘑菇去瘟疫

# 蘑菇咖喱

【菜品故事】

唐朝初年，國力強盛，許多地區主動與大唐修好。據說貞觀八年，吐蕃贊普松贊干布嗣位，派遣使者到長安，也帶了些咖喱，請求和婚。又過了六年，唐太宗終於應允，決定將宗室之文成公主嫁給松贊干布。

蘑菇肥嫩細膩，加上咖喱的色與味相搭配，別有一番滋味。

【主料】 蘑菇200克

【調料】 咖喱醬50克，鹽0.5克，薑末2克，生粉水25克，芝麻油2克

【菜品製作】

1 將蘑菇洗淨，在表面一側切三刀，但不切斷。然後下一刀切斷，成佛手塊，過油後焯水。

2 鍋內加入油，倒入薑末爆香，下咖喱醬炒香，放入已焯的蘑菇略炒，加入鹽調味，勾芡，淋芝麻油，裝盤即成。

【菜品營養】

馬鈴薯是所有粗糧中維他命含量最全的，其含量是紅蘿蔔的兩倍、大白菜的三倍、番茄的四倍。維他命B雜的含量是蘋果的四倍。

爽蘑豆蓉翩翩起

# 馬鈴薯蘑菇

【菜品故事】

李叔同多才多藝，詩文、詞曲、話劇、繪畫、書法、篆刻無所不能。其作品造型準確，色彩鮮明豐富，有些接近於印象主義，近看似不經意，遠看晶瑩明澈。李叔同出家後常常把馬鈴薯蓉，加上別人送的蘑菇搭配着吃。這有點像中式素西餐。他還常以這道素食和朋友分享。因此菜味道甚美，流傳至今。

【主料】 馬鈴薯蓉300克

【配料】 蘑菇100克

【調料】 鹽6克，薑汁2克，橄欖油20克，生粉水5克

【菜品製作】

1 將馬鈴薯洗淨，去皮，切塊，蒸透製成薯蓉。

2 將蘑菇洗淨，焯水，改佛手刀（見第85頁）。

3 將馬鈴薯蓉加鹽調味，用特殊裱花嘴擠在盤中。

4 鍋內加油，烹薑汁，下蘑菇略燒，勾芡，蓋在馬鈴薯蓉上，裝盤即成。

【菜品營養】

小棠菜含有大量的植物纖維素，能促進腸道蠕動，縮短糞便在腸腔的停留時間，可輔助治療便秘，預防腸道腫瘤。小棠菜還含有大量胡蘿蔔素和維他命C，有助於增強機體免疫能力。

## 蘑菇菜心心向佛

# 蘑菇菜心

【菜品故事】

房玄齡，名喬，常食素食，入仕之後，喜與僧交，喜作佛事，開免費素食。常將蘑菇與小棠菜菜心燒製，贈給僧侶們品嘗。蘑菇非常鮮美，與小棠菜菜心同燒，味道很好，成為房家的精品素食，流傳至今。

成菜菜心碧綠爽口，蘑菇黃褐醇香，清新悅目。

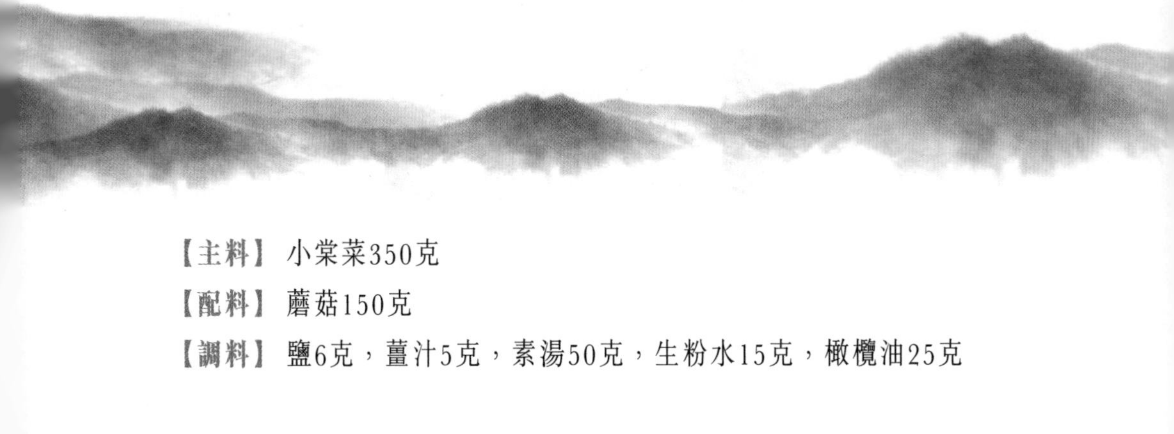

**【主料】** 小棠菜350克

**【配料】** 蘑菇150克

**【調料】** 鹽6克，薑汁5克，素湯50克，生粉水15克，橄欖油25克

**【菜品製作】**

1 將小棠菜去老葉、去根，洗淨，焯水。

2 將蘑菇洗淨，焯水。

3 鍋內加橄欖油，先下小棠菜煸炒，加少許鹽炒勻，放入盤底。

4 鍋中加素湯，放入蘑菇，加剩餘鹽、薑汁略燒，勾芡，澆在小棠菜上面即成。

【菜品營養】

紅蘿蔔含有植物纖維，吸水性強，在腸道中體積容易膨脹，是腸道中的「充盈物質」，可加強腸道的蠕動，從而通便防癌。日本的營養科學家發現，紅蘿蔔中的β-胡蘿蔔素能夠有效預防花粉過敏症和過敏性皮炎等過敏性疾病。

## 炒時三鮮叩拜佛

# 炒時三鮮

【菜品故事】

房融，武則天時宰相。他愛吃素菜，尤愛山藥（淮山）、豆角。他曾參與翻譯《大佛頂首楞嚴經》，歷時四載方成，期間常食豆角、山藥製成的菜品。一日，家廚不小心將多種食材合炒，主人喊之，猶豫之際，無奈將此菜上桌。房融見此菜色澤清爽，問之：「此菜是你所創？」家廚無奈，曰：「每份食材太少，故合炒。」房融品嘗後大悦，曰：「味極美。」於是每逢宴請貴賓，便上此菜。自此，此菜廣為流傳。

成菜色澤艷麗，口感酥脆，營養豐富。

【主料】 紅蘿蔔150克，山藥150克，四季豆150克

【調料】 鹽5克，薑末10克，醬油10克，芝麻油20克

【菜品製作】

1 將紅蘿蔔、山藥洗淨，去皮，切成筷子條。四季豆洗淨，掰成段。

2 鍋中加油燒熱，加薑末爆香，下入紅蘿蔔條、山藥條、四季豆，蓋上蓋小火焖3分鐘，加入鹽、醬油調味，炒匀，淋芝麻油即成。

【菜品營養】

西蘭花的營養豐富，且十分全面，主要包括蛋白質、碳水化合物、脂肪、礦物質、維他命C和胡蘿蔔素等；西蘭花可以有效降低乳腺癌、直腸癌、胃癌、心臟病和中風的發病率，還有一定的殺菌和防止感染的功效。

翡翠乾香繞山嵐

# 扒西蘭花

【菜品故事】

西蘭花原產於歐洲地中海沿岸，清光緒年間傳入中國。相傳，弘一法師在西湖虎跑寺出家時，將此菜列入寺廟中的素菜，因此菜有清雅、靜心、開悟的象徵，也被近代素食者捧為上品。

成菜色澤翠綠，外皮酥脆，芳香四溢，風味特佳。

**【主料】** 西蘭花200克

**【配料】** 牛奶50克，麵粉20克

**【調料】** 鹽5克，薑末5克，橄欖油15克

**【菜品製作】**

1 將洗淨的西蘭花去根，分成小朵，撒上少許鹽調味。

2 用牛奶將麵粉調製成糊狀。將西蘭花掛糊。

3 將烤箱預熱至150℃，然後將掛好糊的西蘭花烤10分鐘。

4 取一小碗，將烤好的西蘭花取出後迅速放入碗中，扣在盤上即成。

【菜品營養】

紅蘿蔔有祛痰、消食、除脹和下氣定喘的作用。山藥具有滋養身體、助消化、斂虛汗、止瀉之功效。

羅漢化緣淵源緣

# 羅漢彩球

## 【菜品故事】

「唐宋八大家」之一的柳宗元自幼信奉佛教，喜素食。他特別喜歡吃用蘑菇、山藥燒製的菜餚。一日他命家廚做一道羅漢齋供其品嘗，家廚聰慧，知其所好，遂將蘑菇、山藥、萵筍等削成圓球，放在砂鍋中小火慢燉。柳大人聞香而過，問此菜何名，答曰：「羅漢菜。」晚宴開始，家廚將羅漢齋呈上，朋友、家人都說此菜色、香、味、形真如羅漢。自此，在素齋宴席中，就有了這道羅漢菜。

成菜色澤美觀，口味軟糯。

**【主料】** 蘑菇250克

**【配料】** 紅蘿蔔150克，山藥200克

**【調料】** 鹽3克，素清湯150克，生粉水15克，薑15克，橄欖油25克

**【菜品製作】**

1 將紅蘿蔔、山藥用小刀或特殊刀具削成圓形。

2 將紅蘿蔔煮熟，山藥、蘑菇焯水。

3 鍋內加橄欖油，放入薑爆香，下紅蘿蔔、蘑菇、山藥加素清湯略燒，下鹽調味燒勻，勾芡，裝盤即成。

【菜品營養】

竹筍富含植物纖維，可降低體內多餘脂肪，消痰化瘀滯，可輔助治療高血壓、高血脂、高血糖症，且對消化道癌腫及乳腺癌有一定的預防作用；竹筍中的植物蛋白、維他命及微量元素的含量均很高，有助於增強機體的免疫功能，提高防病抗病能力。

白雲山間廟宇仙

# 奶燒竹筍

【菜品故事】

晚唐大家李商隱，最初熱衷於仕途，中年後虔誠信佛，飲食以素食為主，特別愛吃奶湯燉竹筍。素菜中的奶湯，一般用麵粉、牛奶製成。當年用牛奶煮竹筍的方法只有御廚才知道。

成菜湯汁醇香，是素菜中的上品。

【主料】 象牙羅漢筍250克

【配料】 牛奶70克

【調料】 鹽2克，胡椒粉1克，生粉100克，芝麻油15克，橄欖油15克

【菜品製作】

1 將象牙筍洗淨，切條，用鹽調味，拍粉蒸15分鐘。

2 鍋內加橄欖油燒熱，加牛奶煮至沸，放入蒸好的象牙筍略燒，勾芡、下芝麻油即成。

【菜品營養】

山藥具有滋養身體、助消化、斂虛汗、止瀉之功效，可輔助治療脾虛腹瀉、肺虛咳嗽、糖尿病消渴、小便短頻等症。

積善人家福慶來

# 山藥豆腐

## 【菜品故事】

吳道子，乃唐朝大畫家。被唐玄宗知曉，召為宮廷內教博士，改名道玄，在宮廷作畫。在宮中，他要求吃素食，以豆腐、山藥（淮山）為主。他愛吃的豆腐必須炸一下。一日，御廚給他上了燉豆腐，他非常不悅。御廚得知後速給他燒了一道「豆腐山藥」，他非常高興。這菜流傳至今。

成菜豆腐香酥，富有薑香味。

**【主料】** 豆腐200克

**【配料】** 山藥100克，紅蘿蔔100克

**【調料】** 鹽2克，清湯100克，生粉水25克，薑汁5克，橄欖油10克，花生油1000克（實耗40克）

**【菜品製作】**

1 豆腐切塊。將花生油燒熱，用150℃的油溫將豆腐塊炸至呈金黃色。

2 山藥、紅蘿蔔用特殊刀具切成半圓球狀，焯水。

3 鍋內加橄欖油，加入薑汁，倒入清湯，下豆腐、山藥、紅蘿蔔球，加鹽調味，略燒至熟，勾芡即成。

**註：** 紅豆是作裝飾之用，可以不加。

【菜品營養】

北豆腐的含鈣量比一般豆腐高，對強健骨骼和牙齒有一定的作用。

宮保豆腐官官祥

# 宮保豆腐

**【菜品故事】**

佛家弟子與俗家弟子講經論法時，西南地區的佛家弟子都願意吃宮保味的豆腐，北方一帶的僧侶也愛吃北方的宮保豆腐。因宮保菜香辣，有些人受不了，所以將其進行了改良。因製作豆腐的水質不同，導致豆腐的口感也不一樣。大家一致認為滷水豆腐口感比較好，從此宮保滷水豆腐在全國盛行。

成菜豆腐軟嫩滑爽，花生米酥脆，富有四川菜的豆瓣辣香味。

**【主料】** 北豆腐250克

**【配料】** 去皮熟花生米50克

**【調料】** 郫縣豆瓣醬50克，醬油10克，白糖10克，泡椒20克，鹽0.5克，薑末12克，生粉水25克，素湯75克，紅油20克

**【菜品製作】**

1 將北豆腐洗淨切成方丁，焯水待用；也可以過油後焯水。

2 鍋內加油，加郫縣豆瓣醬、泡椒、薑末炒香，加素湯，下北豆腐、去皮熟花生米炒勻，加入醬油、紅油、白糖、鹽調味，勾芡即成。此菜醬油、泡椒、郫縣豆瓣醬的使用量可根據個人口味調整。

**註：** 北豆腐，又稱老豆腐、硬豆腐，是指用鹽滷作凝固劑製成的豆腐，其質地較硬和粗糙；可用一般街市有售的硬豆腐代替。

【菜品營養】

冬筍質嫩味鮮，清脆爽口。它含有豐富的蛋白質和多種氨基酸、維他命及鈣、磷、鐵等微量元素以及豐富的纖維素，能促進腸道蠕動，既有助於消化，又能預防便秘和結腸癌的發生。

## 黃燜豆腐福福來

# 黃燜豆腐

【菜品故事】

裴休，字公美，唐代河東人。為人方正，持守嚴謹，進士及第後任官。秉政五載，興利除弊，人皆稱善。其素食當家，大愛豆腐，特別是黃燜豆腐。燜菜的主料經油炸（或油滑、水燎）後，再放適量的湯和調料蓋嚴鍋蓋，用小火將主料燜爛。唐代「燒尾宴」非常流行，其中黃燜菜很受歡迎，黃燜豆腐就此而產生。裴休每逢家宴必上此菜，此菜延續至今。

成菜色澤黃潤，香糯微甜，味鮮質嫩。

**【主料】** 北豆腐1000克

**【配料】** 冬筍100克，水發冬菇100克

**【調料】** 鹽2.5克，醬油5克，白糖20克，鮮薑片5克，清湯150克，生粉20克，麵粉50克，橄欖油1500克（實耗25克）

**【菜品製作】**

1 將北豆腐洗淨切成大片，加少許鹽調味。冬筍、冬菇切片。

2 將麵粉、生粉調成厚糊。

3 鍋中加橄欖油，把切成大片的豆腐夾入冬筍、冬菇、薑片，掛上麵糊，炸至金黃色，放入盤中，加少許醬油調味。

4 將炸好的豆腐入蒸箱蒸製35分鐘至軟糯。

5 鍋內加油，加入清湯、白糖、剩餘鹽調味，加醬油調色，放入蒸好的豆腐，勾芡，即成。

**註：** 北豆腐，可用一般街市有售的硬豆腐代替。

【菜品營養】

木耳營養豐富，被譽為「菌中之冠」。木耳能幫助消化系統將無法消化的異物溶解，能有效預防缺鐵性貧血、血栓、動脈硬化和冠心病。

## 殘缸鍋燒吉祥來

# 吉祥豆腐

**【菜品故事】**

唐代大詩人白居易常與素食為伴，特別愛吃豆腐乾、滷豆腐。他在杭州的寺院中品嘗了當地的滷燒豆腐，倍感親切，問寺院廚師，此菜如何製作。寺院廚師說：「此菜先將豆腐炸製後，再燒製，或放入蒸籠蒸製，其味清香、濃郁，軟糯適口。」白居易一一記下。

成菜豆腐香醇、軟嫩鮮潤，富有豆豉香味。

**【主料】** 豆腐500克

**【配料】** 紅蘿蔔50克，水發木耳10克

**【調料】** 豆豉50克，鹽1克，醬油2克，白糖10克，鮮薑片5克，鮮湯100克，生粉水適量，橄欖油1000克（實耗25克）

**【菜品製作】**

1 將豆腐洗淨改刀成三角形。

2 將紅蘿蔔洗淨，切成象眼片（切成平行四邊形）。水發木耳洗淨，切成小片。

3 鍋內加橄欖油燒至150℃，放入豆腐炸至呈金黃色。

4 鍋內加油，放入豆豉、薑片爆香，加鮮湯、紅蘿蔔、豆腐、木耳燒2分鐘，加鹽、白糖調味，加醬油調色，略燒後勾芡即成。

【菜品營養】

冬菇能輔助降血壓、降血脂、降膽固醇。冬菇對糖尿病、肺結核、傳染性肝炎、神經炎等有一定的食療功效。

## 八寶豆腐香香富

# 八寶豆腐

【菜品故事】

王延彬，五代時人舉家信佛，自幼食素。在他所轄之地，賴他之力，佛教興隆，故佛教史籍稱「閩越佛法之興，半由其手」，實不過譽。他非常喜歡家廚為他做的「八寶豆腐箱」，經常用此菜招待達官貴人和高僧。

成菜色艷麗，味鮮香醇厚，質酥嫩脆爽，別有風味。

**【主料】** 北豆腐250克

**【配料】** 水發冬菇30克，水發草菇30克，桃仁25克，松子仁30克，京東菜50克，紅蘿蔔50克，豌豆30克，馬蹄50克

**【調料】** 鹽6克，白糖5克，鮮湯100克，鮮薑末5克，生粉水10克，芝麻油2克，橄欖油1500克（實耗50克）

**【菜品製作】**

1 將豆腐洗淨，改刀成方塊。

2 鍋中加橄欖油燒至150℃，下豆腐炸至呈金黃色。

3 將水發冬菇、水發草菇、京東菜、紅蘿蔔、馬蹄洗淨，切成小丁。桃仁、松子仁、豌豆拍碎。

4 鍋中加橄欖油燒熱，下薑末炒香，將以上配料合炒至熟，加鹽、白糖、少許鮮湯調味，勾少許芡，淋芝麻油。

5 把炸好的方塊豆腐挖空。將炒好的配料裝入挖空的豆腐中。

6 把裝好的豆腐箱放入蒸籠蒸25分鐘，擺入盤中。

7 鍋中加鮮湯調味，勾芡，澆在豆腐箱上即成。

**註：** 北豆腐可以用硬豆腐代替。

## 【菜品營養】

蓮子甘澀性平，有補脾止瀉、清心、養神、益腎的作用，常用來輔助治療心悸、失眠等症。

隨時隨緣遂心願

# 密扒蓮子

【菜品故事】

古時湘潭縣東南部有一座紫荊山，山上有一個突起的山峰，名叫蓮花寨。一個叫王玉的後生，住在這裏，為人勤勞誠實，白天種蓮，晚上看守山林，因家貧，只能在山上搭了一個茅草棚安身。他種出的蓮子個頭大，成熟期早，味道好。乾蒸蓮子這道菜在當地很流行，王玉的蓮子也經常能售賣一空，且能賣出好價錢，日子逐漸富裕起來。這就是有關天下第一蓮子——湘潭蓮子的傳說。

**【主料】** 乾蓮子300克

**【配料】** 南豆腐100克

**【調料】** 鹽5克，白糖5克，椒鹽15克，清湯100克，生粉水25克

**【菜品製作】**

1 將乾蓮子浸泡1小時至軟，去芯，去蓮頭。

2 將豆腐洗淨切塊，略煎，撒椒鹽，擺在盤邊。

3 取一小碗將蓮子擺入碗中，加入少許鹽、白糖、清湯調味蒸40分鐘。

4 取一盤，將蒸好的蓮子扣入盤中，加鹽、清湯調味，勾芡，澆在蓮子上即成。

**註：** 南豆腐，又稱嫩豆腐、軟豆腐、石膏豆腐。

【菜品營養】

銀杏可降低人體血液中膽固醇水平，防止動脈硬化。對中老年人輕微活動後體力不支、心跳加快、胸口疼痛、頭昏眼花等有顯著改善作用。松子內含有大量的不飽和脂肪酸，可以強身健體，特別對老年體弱、腰痛、便秘、眩暈、小兒生長發育遲緩均有一定的作用。

松香銀果報佛來

# 松子銀杏

## 【菜品故事】

王旦，宋朝人，宋真宗時為相。他一生奉佛，老年更甚。晚年時，他命家廚給他製作一道鹹鮮、軟糯的銀杏、松子菜餚。銀杏有苦味，難以去除。家廚無奈之餘，偶然用溫水反覆浸泡，再加鹽浸泡，竟然在一定程度上去除了銀杏苦味。他把銀杏煮熟，加松子拌勻，呈給王旦品嘗，王旦連連叫好。此菜由此流傳至今。

成菜清醇，口感豐富，滋味鮮美。

**【主料】** 銀杏200克

**【配料】** 松子50克

**【調料】** 薑片5克，鹽3克，橄欖油150克

**【菜品製作】**

1 將銀杏用溫水反覆浸泡，去薄皮放入蒸籠蒸製25分鐘。

2 鍋內加橄欖油燒熱，放入松子炸香，待用。

3 鍋內加橄欖油，放入薑片爆香，下銀杏略燒，再加入松子，加鹽調味拌勻即成。

【菜品營養】

山藥又稱淮山、薯蕷、土薯等，具有滋養強壯、助消化、斂虛汗、止瀉之功效。馬蹄皮色紫黑，肉質潔白，有「地下雪梨」之美譽，北方人稱之為「江南人參」，既可作水果生吃，又可作蔬菜食用。

## 南煎豆腐軟鬆香

# 南煎豆腐

【菜品故事】

北宋會稽人鍾離瑾，字公瑜。其早年喪父，家境貧寒。公瑜之母，出身書香之家，自幼信佛，常以素食為主，愛吃南煎豆腐。公瑜受母之教，吃齋念佛，最愛吃南煎豆腐。鍾離瑾不僅自己食用，每逢大的節日，他還帶家廚到寺廟製作，大受衆僧侶的歡迎。此菜由此流傳下來。

成菜酥、軟、嫩、鮮香、滑爽，醇香可口，趁熱食之，別有情趣。

**【主料】** 豆腐200克

**【配料】** 馬蹄100克，山藥（淮山）100克

**【調料】** 鹽3克，薑片5克，生粉20克，醬油5克，素湯150克，橄欖油25克

**【菜品製作】**

1 將豆腐洗淨製成豆腐蓉，馬蹄拍碎成蓉，山藥研製成蓉，加入少許鹽、生粉揉勻，製成餅狀。

2 鍋內加油燒熱，將豆腐餅兩面煎至金黃。

3 鍋內加油燒熱，放入薑片爆香，加素湯、剩餘鹽調味，加醬油調色，放入煎製好的扁餅略燒至湯汁濃稠即可。

【菜品營養】

豆腐皮氨基酸含量高，還有鐵、鈣、鉬等人體所必需的十八種微量元素。兒童食用能提高免疫力，促進身體和智力的發展；老年人長期食用可延年益壽；孕婦產後食用既能快速恢復身體健康，又能增加奶水。

## 番茄腐皮似霞光

# 番茄腐皮

【菜品故事】

從前，有位李大爺早年喪妻，與兒子兒媳相依為命。一天，李大爺因病不起，茶飯不思。兒媳巧雲孝順，李大爺不忍拖累於是故意難為她，以求兒媳撒手不管。李大爺對兒媳說，他想吃的是「黃燦香烹紅彩霞，金光閃閃映臉頰。酥香浸透磨轉碾，一篇金葉浮鍋上」。巧雲仔細琢磨老爺出的題，終於有了答案。她將一盤黃澄澄、香噴噴的脆油皮端到老爺面前，旁邊加了番茄汁。老爺一見又驚又喜，巧雲竟然真的照他的題目做出來了。李大爺看到美味，頓時食慾大振，不久病癒。此後，全家更加和睦。

成菜腐皮軟嫩滑爽，味道鮮香。

**【主料】** 豆腐油皮200克

**【調料】** 鹽1.5克，番茄醬50克，素湯20克，白糖30克，鮮薑片2克，生粉水15克，橄欖油1500克（實耗30克）

**【菜品製作】**

1 將豆腐油皮切成塊狀。

2 鍋中加入橄欖油燒至150℃，將油皮炸至金黃。

3 鍋內加橄欖油，下薑片爆香，再將番茄醬炒香，加素湯、白糖、鹽翻炒，勾芡，下炸好的豆腐油皮，炒勻上桌即成。

【菜品營養】

紅蘿蔔有祛痰、消食、除脹和下氣定喘的作用。而木耳則有益氣補血、涼血止血、提高免疫力的作用。

珊瑚卷卷吉祥意

# 炸珊瑚卷

【菜品故事】

向敏中，字常之，北宋初大臣。據佛典記載，圓淨法師在西湖結蓮社，後改為淨行社。向敏中首倡入社，並帶了家廚做的豆製品，發放給入社的人品嘗。每個人都對腐皮三絲念念不忘。這道菜很快成為淨行社最受歡迎的菜，並由此流傳開來。

成菜色澤金黃，外皮酥脆，餡心清香，富有腐皮的特殊香氣。

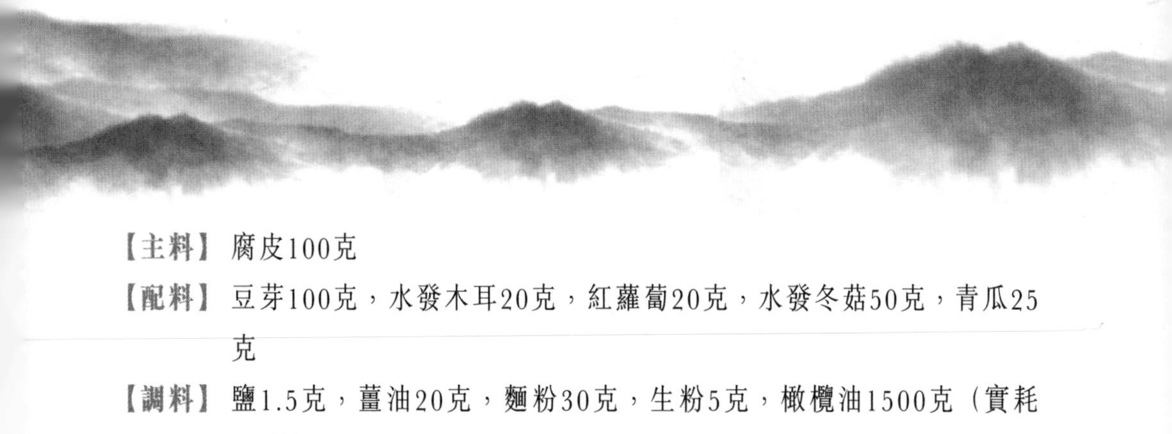

【主料】 腐皮100克

【配料】 豆芽100克，水發木耳20克，紅蘿蔔20克，水發冬菇50克，青瓜25克

【調料】 鹽1.5克，薑油20克，麵粉30克，生粉5克，橄欖油1500克（實耗50克）

【菜品製作】

1 將木耳、紅蘿蔔、水發冬菇、青瓜洗淨，切成絲。

2 鍋中加少許橄欖油，將豆芽及切好的配料放入鍋中煸炒，加入鹽調味，淋薑油，盛起。

3 把腐皮切成長方塊，放溫水裏焯水，擦淨水，捲入炒好的配料，捲實。

4 將麵粉加水、生粉調成糊狀。將捲好的腐皮卷裹上麵糊，兩頭封住。

5 鍋內加橄欖油燒至150℃，下豆腐卷炸至金黃上桌；也可帶椒鹽一同上桌。

【菜品營養】

冬筍是一種高蛋白、低澱粉食品，對肥胖症、冠心病、高血壓、糖尿病和動脈硬化等有一定的食療作用。冬筍所含的多糖物質還具有一定的抗癌作用。

## 乾燒冬筍萬事興

# 乾燒冬筍

**【菜品故事】**

相傳，蘇軾出任杭州刺史時，常常到孤山廣元寺與和尚一起學佛經，吃素食。蘇軾不但懂詩文，而且酷愛烹調。一日，他又到寺院去，看到和尚把冬筍挖出來放到寺院門外，準備曬乾後大鍋燴，蘇軾大叫：「你們這是暴殄天物！」

蘇東坡把自己的「食筍經」傳授給他們，並親自做了幾道菜，讓和尚們品嘗。和尚們品嘗後大加讚賞，尤其是對乾燒冬筍這道菜品，更是讚其為美味。於是這道菜作為寺院菜傳承了下來。

成菜色澤紅潤，冬筍尖清鮮脆爽，辣味濃厚，味道香醇。

**【主料】** 冬筍尖250克

**【調料】** 薑片5克，醬油2克，白糖15克，鹽1克，素湯250克，芝麻油50克，生粉水15克，橄欖油750克（實耗25克）

**【菜品製作】**

1 將新鮮的冬筍去根（根可燉湯），去皮，洗淨，切滾刀塊。

2 鍋內加水，將改好刀的冬筍煮5分鐘，撈入清水中浸泡。

3 鍋內加橄欖油燒熱，放入薑片爆香，下冬筍塊煸炒，加白糖繼續煸炒至白糖變色，加素湯、鹽、醬油大火燒製2分鐘，再用小火燒製2分鐘，燒透後勾芡，淋芝麻油即成。

【菜品營養】

**西蘭花的營養成分十分全面，主要包括蛋白質、碳水化合物、脂肪、礦物質、維他命C和胡蘿蔔素等；西蘭花可以有效降低乳腺癌、直腸癌、胃癌、心臟病和中風的發病率，還有殺菌和防止感染的功效。**

巧扣雙花信度明

# 巧扣雙花

## 【菜品故事】

當今社會，肥胖症影響到很多人的健康，於是人們開始研究吃素，並把素食奉為上品。西蘭花營養豐富，所以素食專家們設計出很多關於西蘭花的素食菜譜。

成菜色澤鮮明，口味清淡。

**【主料】** 椰菜花、西蘭花各150克

**【調料】** 鹽3克，薑片5克，白糖2克，生粉水10克，清湯50克，橄欖油15克

**【菜品製作】**

1 將西蘭花和椰菜花去根，掰成大小一致的小塊，洗淨。

2 鍋內加水燒沸，下西蘭花、椰菜花分別焯水。

3 取一碗，抹適量橄欖油，將椰菜花、西蘭花分別裝入碗兩邊，加鹽、白糖調味。上面蓋上薑片，放入蒸籠蒸製15分鐘，潷出原湯扣入盤中。原湯加清湯調味燒沸，勾芡，澆在雙花上即成。

【菜品營養】

滑子菇含有粗蛋白、脂肪、碳水化合物、粗纖維、灰分、鈣、磷、鐵、維他命B雜、維他命C和人體所必需的其他多種氨基酸。

## 滑子菇香滷味濃

# 滷滑子菇

【菜品故事】

趙樸初在宗教界有着廣泛的知名度，深受廣大佛教徒的尊敬和愛戴。一九七四年，他去日本訪問，宴會上品嘗到一道醬香滑子菇，非常好吃，便將這道菜帶回中國。

成菜清鮮香醇，富有濃郁的醬香味，口感清爽。

**【主料】** 滑子菇200克

**【調料】** 甜麵醬15克，醬油5克，白糖2克，鹽0.5克，薑末2克，清湯150克，十三香5克，橄欖油15克，芝麻油適量

**【菜品製作】**

1 將滑子菇去蒂，洗淨焯水。

2 鍋內加橄欖油燒熱，放入薑末爆香，下甜麵醬炒香，加入清湯、鹽、白糖調味，加醬油調色，放入焯好水的滑子菇煮至沸，加入十三香，小火輕煮30分鐘。

3 上桌時拌入芝麻油即成。

【菜品營養】

山核桃仁含有豐富的蛋白質及人體營養必需的不飽和脂肪酸；此外還有潤肺補氣、養血平喘、潤燥化痰去虛寒等功效

## 山桃冬菇豐收節

# 山桃冬菇

【菜品故事】

相傳，北宋名相呂蒙正虔誠信佛，常食素食，特愛桃仁冬菇。每次宴請賓客，他都讓家廚做山桃冬菇的菜品，款待衆人。大家都對此菜食而不忘。他把為官時所得賞賜悉數送與寺僧，並讓家廚把桃仁冬菇做成菜品送給寺院。

成菜香酥鮮潤，別有風味。

**【主料】** 山核桃150克

**【配料】** 冬菇50克，青、紅椒各10克

**【調料】** 鹽5克，鮮薑片8克，白糖2克，清湯60克，橄欖油1000克（實耗20克）

**【菜品製作】**

1 將山核桃去皮，取出核桃仁。

2 鍋中加橄欖油燒至120℃，下入山核桃仁，待核桃仁浮起時撈出。

3 將冬菇去蒂，洗淨，用涼水脹發，切丁。將青、紅椒洗淨，切丁。

4 鍋內加油燒熱，放入薑片爆香，倒入泡冬菇的原湯、清湯，加入鹽、白糖調味，放冬菇燒至軟糯，下炸好的山核桃仁、青紅椒丁，炒勻裝盤即成。

【菜品營養】

腐竹又稱腐皮，腐竹的質量分三個等級，顏色越淺，營養價值越高。腐竹中谷氨酸含量很高，有良好的健腦作用，對預防腦退化症有一定的功效。

## 芹菜腐竹勤勞富

# 芹菜腐竹

【菜品故事】

王韶，北宋將領。他愛吃素食，常以芹菜腐竹合炒。據説，一日，常總大和尚到他家傳經，王韶命家廚做了此菜。常總品嘗後非常高興，問：「此菜何名？」王韶曰：「芹菜腐竹。」常總笑曰：「此菜就是佛家常説的勤勞致富」。後來皇帝知道了這道菜，非常高興，遂命御廚烹製此菜。皇帝嘗後大悅，傳此菜為國宴素菜。此菜自此流傳至今。

成菜鮮香可口。

**【主料】** 腐竹200克

**【配料】** 芹菜50克，紅蘿蔔20克

**【調料】** 鹽5克，芫茜5克，素湯20克，橄欖油25克，薑片5克

**【菜品製作】**

1 將芹菜去根，去葉，焯水切段。

2 將腐竹洗淨，切段，用涼水脹發至透。紅蘿蔔洗淨切條，焯水。

3 鍋內加橄欖油燒熱，放入薑片爆香，將芹菜段煸炒至香，加腐竹段、紅蘿蔔段，用鹽調味，注入素湯炒勻，出鍋撒上芫茜即成。

【菜品營養】

蓮藕的維他命C含量高，且含有多酚類化合物、過氧化物酶，能把人體內的「垃圾」打掃得一乾二淨。蓮藕中含有比較豐富的優質蛋白質，其氨基酸構成與人體需要很接近，營養價值高。

香梨鮮藕味清新

# 香梨鮮藕

【菜品故事】

北宋曹州人趙棠從小喜到寺院，與方外人攀談。他很愛吃「釀鮮橙」這道菜。

釀鮮橙是古代江南一帶書香門第常吃的一道菜餚。因橙汁美味，橙皮不薄不厚，釀進食物有獨特的香味，無論是葷菜釀還是素菜釀，味道都不錯。

現用了梨子代替鮮橙，味道同樣鮮美。

成菜軟糯可口。

**【主料】** 鮮梨（大小一致）4個，鮮藕150克

**【配料】** 熟糯米80克，熟核桃仁70克

**【調料】** 梨汁50克，蘋果醋10克，鹽1克，橄欖油10克，生粉水15克

**【菜品製作】**

1 將新鮮的香梨用特殊的刀具起蓋、挖空。

2 將鮮藕洗淨切小丁，焯水後浸泡入水中。

3 將核桃仁拍碎，加入熟糯米、鮮藕丁拌勻，裝入挖空的香梨中。

4 將做好的香梨放入蒸籠，待燒開鍋再蒸10分鐘即可。

5 鍋中加梨汁、蘋果醋、鹽調味，勾芡，淋在蒸好的香梨上，最後淋橄欖油即成。

## 【菜品營養】

新鮮的椰菜含有植物殺菌素，有抗菌消炎的作用，對咽喉疼痛、外傷腫痛、蚊叮蟲咬、胃痛、牙痛有一定的療效。此外，多吃椰菜還可增進食慾，促進消化，預防便秘。椰菜也是糖尿病和肥胖患者的理想食物。

燒賣菜香香連連

# 卷包蓮花

【菜品故事】

西方童話中有一個故事說，一個妻子懷孕後想吃椰菜，丈夫千辛萬苦才從女巫的菜園裏摘下椰菜，給自己懷孕的妻子做了一道沙律。妻子吃得很高興。從此西方世界裏，椰菜做的沙律成為一道亮麗的風景線。中國食用椰菜的時間比較晚，不過椰菜沙律在中國也廣泛流行。

**【主料】** 椰菜120克

**【配料】** 水發木耳50克，青、紅椒各10克，豆乾30克

**【調料】** 鹽2.5克，美極鮮醬油15克，米醋25克，白糖1克，芝麻醬20克，芝麻油20克，素油適量

**【菜品製作】**

1 將椰菜的大葉洗淨，用熱水泡軟。

2 將水發木耳、青椒、紅椒、豆乾洗淨，切小丁。

3 鍋中加油，下芝麻醬炒香，下水發木耳丁、青紅椒丁、豆乾丁炒香，加鹽調味，加醬油調色，加米醋、白糖調勻，淋芝麻油出鍋。

4 將泡軟的椰菜葉抹乾，包入炒好的配料，製成燒賣狀。

5 將做好的燒賣放入蒸籠蒸5分鐘即成。

【菜品營養】

栗子有健脾胃、益氣、補腎、壯腰、強筋、止血和消腫強心的功效，適用於輔助治療腎虛引起的腰膝酸軟、腰腿不利、小便增多以及脾胃虛寒引起的慢性腹瀉、外傷後引起的骨折等症。

栗子菜心透佛意

# 栗子菜心

【菜品故事】

據傳，北宋翰林學士王拱辰還鄉時，當地知縣設宴為其接風洗塵。

王拱辰表示只想吃些老百姓平常吃的素菜。廚師苦思冥想，無意中抓了一把栗子，扔進炒鍋裏，和小棠菜一起炒製，做好後感覺味道不錯。便將這道菜端上桌。王拱辰一聞香味，沒一會兒工夫，就把一盤菜吃光了。他吃完了問：「這道菜叫甚麼名？做得太好吃了。」知縣咕噥了一句：「這叫栗子燒菜心。」此菜因此得名，並流傳至今。

成菜軟嫩，小棠菜油光發亮，栗子香甜。

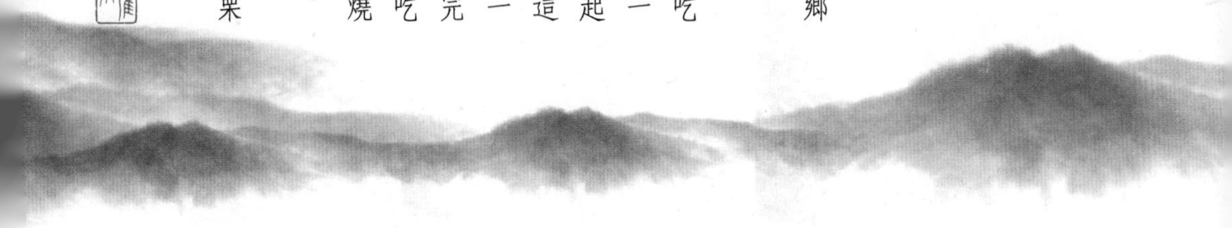

**【主料】** 栗子750克

**【配料】** 小棠菜150克，萵筍50克

**【調料】** 白糖5克，鹽5克，薑末5克，素上湯50克，花椒油5克，橄欖油15克

**【菜品製作】**

1 將栗子去皮，浸泡在涼水中。

2 將栗子放入蒸籠，蒸35分鐘至熟透。

3 將小棠菜心洗淨，焯水煸炒，擺入盤中。萵筍煸炒後擺在小棠菜上面。

4 鍋內加橄欖油燒熱，入薑末爆香，放入蒸好的栗子，加素上湯略燒，加鹽、白糖調味，蓋在小棠菜上，淋花椒油即成。

【菜品營養】

乾豆角是一種營養豐富的菜品，能為人體提供大量的蛋白質、碳水化合物與維他命，人體吸收這些成分以後能有效提高身體各器官機能，降低多種疾病發生的機率。

金鼎乾菜甘美味

# 炒乾豆角

## 【菜品故事】

李綱，南宋宰相，他特別愛吃乾豆角，還把乾豆角作為軍隊的備用乾糧。

一日，李綱去寺廟裏參禪聽佛，住持讓他嘗了羅漢大包，他吃後大悅。於是和寺院住持說，自己從小愛吃乾豆角製作的菜品，尤其是乾燒豆角。李綱還把家鄉的製作方法教給寺院的廚師。廚師根據他教的方法做成此菜。於是乾燒豆角就成為寺院冬季的主菜，並流傳至今。

成菜色澤如翠，味鮮嫩，質軟中有脆。

**【主料】** 乾豆角300克

**【配料】** 杞子20克

**【調料】** 鹽3克，薑5克，素湯50克，橄欖油20克

**【菜品製作】**

1 將乾豆角洗淨，用素湯浸泡1小時。

2 將杞子用涼水洗淨，浸泡。

3 鍋內加橄欖油燒熱，入薑爆香，將泡好的豆角煸炒至熟，加鹽、素湯調味燜1分鐘，撒上杞子裝盤即成。

【菜品營養】

松茸的營養價值和藥用價值極高。現代醫學表明，松茸具有提高免疫力，抗癌、抗腫瘤，輔助治療糖尿病及心血管疾病、抗衰老、養顏、保肝臟等多種功效。

## 松茸菜心記佛緣

# 松茸菜心

**【菜品故事】**

據傳，慈禧太后成功鎮壓太平天國起義運動後，心中十分高興。恰好雲南進貢給宮廷很多松茸，為了慶賀平定成功，命御廚將珍貴的松茸做成菜品。御廚將松茸與菜心合烹成菜，取名「翡翠瑪瑙」。慈禧太后嘗後大悅，眾臣也很高興。此菜逐漸流傳開來。

成菜色澤鮮明，淺黃透綠，綠中有黑，味鮮美清爽，口感麻中有香。

**【主料】** 小棠菜菜心（大小一致）300克

**【配料】** 松茸100克

**【調料】** 鹽5克，生粉水20克，薑片5克，花椒油10克，素湯50克

**【菜品製作】**

1 將小棠菜菜心洗淨後焯水。

2 鍋內加油燒熱，放入一半薑片爆香，下小棠菜菜心煸炒，加一半鹽調味，炒至翠綠，盛入盤中。

3 將松茸用涼水洗淨，浸泡1小時，加適量素湯，放入蒸籠蒸35分鐘，取出，潷出原湯。

4 鍋內加油燒熱，放入剩餘薑片爆香，倒入蒸好的松茸，加剩餘素湯和潷出的原湯略燒2分鐘，加剩餘鹽調味，淋花椒油，製成後出鍋擺在菜心上即成。

【菜品營養】

茄子的營養豐富，含有蛋白質、脂肪、碳水化合物、維他命以及鈣、磷、鐵等多種營養成分；茄子具有降低高血脂和高血壓、抗衰老、保護心血管、清熱解毒等功效。

菊花茄子似紅霞

# 菊花茄子

## 【菜品故事】

《笑林廣記》上記載了這樣一則故事。一位遠道而來的先生投宿於東家，東家一日三餐供他鹹菜下飯。東家園中有許多長得又肥又嫩的茄子，卻從來不給他吃一次。鹹菜吃膩了，先生忍無可忍，題詩示意。不想從此以後，東家就給先生天天頓頓吃茄子，先生有苦說不出，只好告饒。後來東家的家廚把茄子切成菊花狀，炸製，烹茄汁。先生品後非常高興。

成菜色澤紅潤，茄子刀口張開，呈菊花狀，質軟嫩，味甜酸。

**【主料】** 茄子350克

**【調料】** 番茄醬100克，白糖25克，鹽5克，生粉25克，薑末10克，橄欖油1000克（實耗25克）

**【菜品製作】**

1 將茄子洗淨，切成長6厘米的段，再剞十字花刀，成菊花狀。

2 將菊花撒少許鹽醃至軟，洗淨，拍上生粉。

3 將菊花狀的茄子抖動放入油鍋內，炸至金黃撈出，擺入盤中。

4 鍋內加油，入薑末爆香，下番茄醬、白糖、剩餘鹽炒香至味汁濃郁，澆在茄子上即成。

## 【菜品營養】

豆製品含有豐富蛋白質，而且豆腐蛋白屬完全蛋白，不僅含有人體必需的八種氨基酸，其比例也接近人體需要，營養價值較高。

## 素炸茄盒合家美

# 酥炸茄盒

【菜品故事】

黃庭堅被貶到貴州曾作過《謝楊履道送銀茄四首》詩，其中二首明確記述了當時貴州栽培的白茄子。《紅樓夢》中寫得最為詳實的一道菜就是「茄鮝」。在民間，炸茄盒非常流行，是一道百姓愛吃的素食。

成菜外酥裏嫩，鮮香可口。

**【主料】** 茄子350克

**【配料】** 豆乾20克，金針菜20克，紅蘿蔔20克，水發木耳20克

**【調料】** 鹽5克，麵粉50克，生粉10克，油1500克（實耗25克），椒鹽、番茄醬各1碟

**【菜品製作】**

1 將茄子洗淨，改成夾刀片。

2 將豆乾、金針菜、紅蘿蔔、水發木耳洗淨，切成小丁。

3 鍋內加油，將切好的配料炒香，加入鹽調味，炒熟倒出。

4 將麵粉、生粉調成厚糊。

5 鍋內加橄欖油，燒至150℃，將配料釀入茄片後裹上麵糊，放入油鍋中炸至呈金黃色，上桌時帶椒鹽、番茄醬即成。

【菜品營養】

苦瓜味甘苦，主作蔬菜，也可糖漬；成熟果肉和假種皮也可食用；根、藤及果實入藥，有清熱解毒的功效。

## 苦盡甘來回頭岸

# 香釀苦瓜

【菜品故事】

在一座寺廟裏，有一群弟子要出去朝聖。師父拿出一個苦瓜讓弟子們在路上將它放入路過的河流中和朝拜的聖桌上。

弟子們回來以後，師父叫他們把苦瓜煮熟，當晚餐食用。師父吃了一口，然後語重心長地說：「奇怪呀！泡過這麼多聖河，進過這麼多聖殿，這苦瓜竟然沒有變甜。」弟子聽了，立刻開悟了。後來弟子們把苦瓜去頭尾，將水發冬菇、冬筍等製成餡心，釀進苦瓜中炸製，供師父品嘗，師父嘗後很高興。此菜因此也被稱為「苦盡甘來」。

成菜色澤金黃，瓜筒外酥裏軟，瓜肉清鮮甜爽，餡料細膩醇香。

**【主料】** 苦瓜2條（約750克）

**【配料】** 水發冬菇2.5克，淨冬筍30克，淨馬蹄125克，豆腐乾2塊，麵粉150克，番茄片100克，芹菜50克，芫茜2.5克

**【調料】** 鹽5克，五香粉1.5克，胡椒粉1克，薑末5克，白糖2克，醬油25克，生粉10克，橄欖油150克

**【菜品製作】**

1 將苦瓜洗淨，去頭尾，切成3厘米長的段，去瓤製成「瓜筒」。

2 將水發冬菇、淨冬筍、淨馬蹄、豆腐乾、芹菜、番茄片、芫茜洗淨，切成小丁。

3 鍋內加油燒熱，放入薑末爆香，倒入切好的配料炒香，加鹽、五香粉、胡椒粉、醬油、白糖調味，炒香倒出。

4 將炒好的配料釀入切好的苦瓜內，兩頭拍生粉。

5 鍋內加油，將釀好的苦瓜擺入鍋中，煎至金黃，擺盤即成。

【菜品營養】

蒲瓜是中國常見的一種瓜類蔬菜，具有清心熱、潤心肺、除煩渴、利小腸、利水消腫、通淋散結等功效。

蒲瓜三條三生緣

# 扒燒蒲瓜

【菜品故事】

傳說南宋建炎五年，金兀朮率數十萬大軍圍困淮安。南宋名將韓世忠和夫人梁紅玉率兵抗敵。但時間久了之後，城中缺糧，他們就挖蒲根作糧食吃。就這樣他們守住了淮安城。因為這個原因，後來蒲瓜就成了當地的美味菜餚。後來，廚師們將蒲瓜配以冬筍、豆腐乾燒製成此菜，此菜也流傳下來。

成菜香酥鮮嫩，味道清爽。

**【主料】** 蒲瓜250克

**【配料】** 冬筍150克，豆腐乾100克

**【調料】** 鹽5克，白糖2克，薑末5克，生粉水15克，橄欖油25克

**【菜品製作】**

1 將蒲瓜、冬筍洗淨去皮、去瓤，切成條。將豆腐乾切成相仿的條。

2 鍋內加水，將蒲瓜、冬筍分別焯水煮透，再放入豆腐乾煮透撈出，控乾水分。

3 鍋內加橄欖油燒熱，入薑末爆香，下蒲瓜、冬筍、豆腐乾條炒勻，加鹽、白糖調味，勾芡即成。

【菜品營養】

西葫蘆又名翠玉瓜，它具有除煩止渴、潤肺止咳、清熱利尿、消腫散結的功效。西葫蘆還能促進人體內胰島素的分泌，可有效地防治糖尿病。番茄含的「番茄素」，有抑制細菌的作用；番茄含的蘋果酸、檸檬酸和糖類，有助消化的功能。

## 菩提樹下葫蘆片

# 炒西葫蘆

【菜品故事】

相傳，西域一僧人拜見南宋大臣鄭清之，兩人一見如故，十分投緣。不覺午時已到，西域僧人從懷中掏出一瓜，稱之為「西葫蘆」。鄭清之問：「是否可生食？」答曰：「不可，此瓜乃大唐三藏法師去西域時，常吃之瓜。此瓜有清心、開悟之感，最好清炒。」於是，鄭清之馬上讓家廚按照西域僧人的方法清炒此瓜。品之，清爽可口。此菜也由此流傳至今。

成菜造型美觀，清淡爽口。

【主料】 西葫蘆（翠玉瓜）150克

【配料】 番茄100克，竹筍100克

【調料】 鹽5克，薑末10克，麵包糠50克，麵粉20克，橄欖油1200克（實耗30克）

【菜品製作】

1 將西葫蘆洗淨，切成1.5厘米厚的大片。

2 將番茄洗淨切片，竹筍洗淨切成片。

3 將竹筍焯水。

4 將西葫蘆加一半鹽調味，拍麵粉，入橄欖油鍋煎製。將番茄加剩餘鹽調味，拍麵粉，滾上麵包糠，煎至金黃。

5 鍋內加橄欖油燒熱，入薑末爆香，將西葫蘆、竹筍炒香。番茄墊底，將炒好的西葫蘆和竹筍擺在上面即成。

【菜品營養】

青瓜可利水利尿、清熱解毒，還有減肥功效。

## 夏季小炒很清爽

# 夏季小炒

**【菜品故事】**

據傳，在一個夏日的早晨，永明大師在寺中坐禪，忽聞吳越王來此進香。此時天氣炎熱，永明大師為了感謝吳越王，讓寺中廚師為他做了道小炒時蔬。這是一道夏季時令菜餚，色澤清爽。吳越王品之，非常滿意，於是每逢進香都必吃此菜。

成菜顏色翠綠，味鮮嫩酥，清淡乾香。

**【主料】** 紅蘿蔔250克，山藥（淮山）150克，青瓜150克

**【調料】** 鹽5克，薑末5克，橄欖油30克

**【菜品製作】**

1 將紅蘿蔔、山藥、青瓜洗淨，去皮，用特殊刀具改成圓片。

2 鍋內倒入水，加少許鹽調味，將紅蘿蔔片、山藥片、青瓜片分別焯水。

3 鍋內加橄欖油燒熱，入薑末爆香，下紅蘿蔔片、山藥片、青瓜片煸炒，加剩餘鹽調味，出鍋即成。

【菜品營養】

竹笙又稱竹蓀，具有補腎壯陽、益胃清腸、抗老防衰、消炎止痛、減肥等多種功效。此外，竹笙對細菌性腸道炎、老年人結腸病有特殊功效。

# 布袋竹笙

## 布袋香釀竹笙袋

【菜品故事】

布袋和尚，名契此，號長汀子，是五代時後梁高僧。

布袋和尚長期食素，特別愛吃竹笙釀的素食。寺院中的廚師為了紀念布袋和尚，特製作出「布袋竹笙」這道素菜。此菜也由此流傳至今。

成菜形似「布袋」，味道鮮美，清香爽口。

【主料】竹笙6條

【配料】山藥（淮山）50克，竹筍50克，冬菇20克，馬蹄20克，海帶絲6根

【調料】鹽5克，薑5克，胡椒粉2克，芝麻油5克，生粉水20克，鮮湯50克

【菜品製作】

1 將竹笙去蒂，洗淨，用涼水脹發30分鐘。

2 將山藥、竹筍、冬菇、馬蹄洗淨，切成小丁。

3 鍋內加油，入薑爆香，加入切好的配料炒香，加少許鹽調味。

4 將炒好的配料釀入竹笙袋，用海帶絲紮緊口。

5 將釀好的竹笙袋放入蒸籠，蒸製15分鐘。

6 鍋中加鮮湯、剩餘鹽調味，勾芡，加芝麻油，澆在上面即成。

【菜品營養】

節瓜味甘，性平，能生津，止渴，解暑濕，健脾胃，通利大小便。節瓜養分較一般蔬菜高，各種營養份量均不特殊，屬較易吸收的食用蔬果。

# 巧釀節瓜群菇美

## 巧釀節瓜

【菜品故事】

傳說，有一次，南宋右丞吳潛去寺中燒香，適逢從廣東來的僧人向寺廟贈送節瓜。吳潛問：「此瓜何名？」僧人答曰：「此瓜為節瓜，生長速度快，為保持鮮嫩，人們在它未成熟時就摘而食之。此瓜青澀、舒展，一般將它和米飯一起食用。」吳潛聽了很高興，並求得一個節瓜帶回家。吳潛讓家廚將節瓜去瓤，釀入各種餡料。廚師做出「釀節瓜」給吳潛品嘗，吳潛嘗之大悅。自此釀節瓜就成為吳潛招待貴賓的菜品。此菜也一直流傳至今。

成菜鮮香可口，色形俱全。

**【主料】** 節瓜1條

**【配料】** 水發木耳50克，冬菇20克，山藥（淮山）20克，蘑菇20克

**【調料】** 鹽5克，胡椒粉2克，芝麻油5克，生粉水20克，橄欖油1200克（實耗25克）

**【菜品製作】**

1 將節瓜去皮，洗淨，兩頭挖空，在鹽水中浸泡5分鐘。

2 將水發木耳、冬菇、山藥、蘑菇洗淨，切成小丁。

3 鍋內加少許橄欖油燒熱，下入切好的配料翻炒均勻。

4 將炒好的配料釀入節瓜中，兩頭用生粉、竹籤封緊。

5 鍋內加油至120℃，將釀好的節瓜放入油中炸熟，撈出晾涼後改刀，裝入盤中即成。也可用蒸製的方法製熟。

【菜品營養】

南瓜含豐富的胡蘿蔔素，在人體內可轉化成具有重要功能的維他命A，有助於促進骨骼的發育。

## 南瓜三豆田園美

# 南瓜三豆

【菜品故事】

南瓜歷來是寺院食材裏的主角，它不但可以做成菜，而且可以做成主食。用南瓜做盛器裝進三豆，這是古代行乞僧人最好的菜餚。有詩為證：「南瓜三豆香，充饑又清涼。不管冷和熱，溫馨在心上。」

成菜甜香軟糯。

**【主料】** 南瓜1個（約750克）

**【配料】** 黑豆100克，花生米100克，黃豆100克

**【調料】** 鹽5克，薑末5克，生粉水15克，白糖25克，芝麻油5克

**【菜品製作】**

1 將南瓜洗淨去皮，用花刀挖去瓤，加熱水、少許鹽浸泡15分鐘，撈出晾乾。

2 將黑豆、黃豆分別用熱水泡1小時，放入蒸籠蒸20分鐘至熟。

3 鍋內入油燒熱，放入花生米炸香，倒出。

4 鍋內加油燒熱，放入薑末爆香，下黑豆、黃豆煸出香味，加剩餘鹽、白糖、芝麻油調味，用生粉水勾芡，盛到南瓜盅裏。

5 蒸籠燒開，放入南瓜盅蒸35分鐘，取出，盅內撒上花生米即成。

【菜品營養】

松子內含有大量的不飽和脂肪酸，常食松子可以強身健體，還有補腎益氣、養血潤腸、滋補健身的作用。

# 松子捲起萬卷金

# 腐皮松子

【菜品故事】

松子這種食材在一些古書中已有記載。例如，《列仙傳》載，匿全古人好食松子，體毛長數寸，行走如奔馬。又犢子少在黑山食松子、茯苓，壽至幾百歲。另外赤松子好食松仁、天門冬、石脂，齒落更生，髮落更出。

成菜松子卷微黃，質柔嫩清鮮。

**【主料】** 千張150克，松子仁100克

**【配料】** 水發冬菇50克，竹筍50克

**【調料】** 鹽5克，薑末5克，橄欖油15克

**【菜品製作】**

1 將千張改成方塊，放入沸水中略煮撈出，用濕毛巾蓋住。

2 將水發冬菇、竹筍洗淨，切成丁。

3 鍋內加油燒至120℃，放入松子仁，小火炸至呈金黃色。

4 鍋內加橄欖油，放入薑末爆香，倒入切好的配料炒勻，加鹽調味。

5 將松子仁和配料包入千張中，捲成卷即成。

【菜品營養】

猴頭菇又叫猴頭菌，遠遠望去似金絲猴頭，故稱「猴頭菇」。猴頭菌是鮮美無比的山珍，其菌肉鮮嫩，香醇可口。

猴頭菇香香美美

# 酥炸猴頭

【菜品故事】

很久以前，武當山下住着一田姓大財主，這個財主視女兒鳳珠為掌上明珠，生怕她有一點閃失。有一天，鳳珠和老財主因瑣事拌嘴，負氣出走，卻不慎墜落山下。幸被一小夥子所救。小夥子用猴頭菇做藥引救了鳳珠，並把她送回家。財主為感謝小夥子，將鳳珠許配給他。此菜後來被譽為「愛情菜」。

成菜顏色金黃，酥香味濃。

**【主料】** 猴頭菇250克

**【配料】** 薯片100克

**【調料】** 鹽3克，薑末5克，鹽15克，生粉水25克，素湯50克，醬油適量，橄欖油1200克（實耗25克）

**【菜品製作】**

1 將猴頭菇用涼水洗淨，加素湯脹發。

2 鍋內加橄欖油燒熱，將拍粉後的猴頭菇下入油中，炸至呈金黃色。薯片炸熟，圍在盤邊。

3 鍋內加橄欖油燒熱，放入薑末爆香，下素湯，加醬油調色，加鹽調味，勾芡，澆在猴頭菇上即成。

【菜品營養】

冬菇能提高機體免疫功能，延緩衰老，防癌抗癌。冬菇還對糖尿病、肺結核、傳染性肝炎、神經炎等有輔助治療作用。

# 水果冬菇

## 火龍菇條處處香

**【菜品故事】**

明朝王錫爵篤信佛法，常年食素，常以火龍果供佛。

有一日，他在家中唸佛，不覺忘了時辰，已過午時。他便將火龍果打開取果肉吃，感覺甚好。後來，王錫爵又命家廚用火龍果與冬菇做成素菜。家廚又想出用火龍果皮做盛器的妙招，將鮮冬菇炸製後再炒，放入火龍果內，給王錫爵品嘗。王錫爵品嘗後大悅，賞家廚金銀。此菜流傳至今。

成菜鮮美而酥香。

**【主料】** 冬菇250克

**【配料】** 火龍果1個（約150克）

**【調料】** 鹽5克，薑末5克，醬油15克，素湯20克，麵粉25克，生粉水20克，橄欖油1000克（實耗25克）

**【菜品製作】**

1 將鮮冬菇洗淨，切成絲，瀝乾水分，加少許鹽調味，拍上麵粉。

2 鍋內加橄欖油燒至150℃，放入冬菇絲炸至乾香。

3 用特殊刀具將火龍果打開，將火龍果肉挖出一部分，製成火龍果盛器。

4 鍋內加油燒熱，放入薑末爆香，放入冬菇絲炒勻，加入素湯和剩餘鹽調味，加醬油調色，用生粉水勾芡，盛入火龍果中即成。

【菜品營養】

滑子菇味道鮮美，營養豐富。附着在滑子菇菌傘表面的黏性物質是一種核酸，對人保持精力和腦力大有益處，並且還有抑制腫瘤的作用。

滑子菇丁福一缸

# 滑子菇丁

【菜品故事】

傳說，明神宗的生母李太后虔誠信佛，她以素食為主，尤愛吃滑子菇。據史載，穆宗駕崩時，神宗尚在幼年，悉由大學士張居正訓導。張居正為讓幼主學業有成，躬請太后親自關照起居。太后便從慈寧宮移居到乾清宮。滷滑子菇是太后最愛吃的食物，但滑子菇在宮廷中非常稀少，於是御廚就採用滷製的方法讓滑子菇保存的時間更長一些。李太后去寺廟上香，總讓御廚帶滷好的滑子菇給寺廟的大師品嘗。此菜由此流傳下來。

成菜軟滑酥潤，醬香濃郁。

【主料】滑子菇350克

【配料】嫩薑30克

【調料】醬油15克，白糖2克，鹽3克，生粉水25克，素湯300克，橄欖油25克

【菜品製作】

1 取滑子菇中上部，去根洗淨，放入沸水焯過。

2 鍋內加橄欖油燒熱，放入嫩薑爆香，下滑子菇煸炒，加鹽、醬油、白糖調味，放入素湯略燒，用生粉水勾芡，盛入小罐中即可。

【菜品營養】

芹菜葉莖中含有芹菜甙、佛手甙內酯和揮發油，具有降血壓、降血脂、防治動脈粥樣硬化的作用；芹菜對神經衰弱、痛風、肌肉痙攣也有一定的輔助治療作用。

## 功德豆腐傳千秋

# 功德豆腐

【菜品故事】

相傳，湯顯祖為官之時，常與高僧往來，研究佛學奧義。四大高僧之一的紫柏真可大師與其是莫逆之交。這日，他們在一起談經論佛。到午膳時分，湯顯祖命家廚做幾道素菜供大師品嘗，其中「功德豆腐」受到大師的好評。此菜一直流傳至今。

成菜味鮮香，質柔韌兼備，醇香鹹糯，富有彈性。

**【主料】** 老豆腐（硬豆腐）350克

**【配料】** 水發冬菇50克，白蘑菇50克，芹菜25克

**【調料】** 醬油25克，薑末5克，白糖2克，鹽5克，麵粉20克，生粉水20克，鮮湯50克，橄欖油1200克（實耗25克）

**【菜品製作】**

1 將老豆腐洗淨，改刀成方塊。

2 將水發冬菇、白蘑菇、芹菜均切成絲。

3 鍋中加入橄欖油燒熱，倒入薑末爆香，放入切好的配料煸炒成餡，釀入老豆腐中，用牙籤封住。

4 鍋內加入橄欖油燒熱，放入豆腐炸至呈金黃色。

5 鍋內加入橄欖油，倒入薑末爆香，加鮮湯、醬油調色，加鹽、白糖調味，下豆腐乾燒透，用生粉水勾芡，擺入盤中即成。

【菜品營養】

蘑菇又名白蘑、蘑菇、雲盤蘑、銀盤，含有大量的維他命D和可以抵抗病毒侵害的物質，有一定的預防骨質疏鬆、防癌、抗氧化、減肥的食療功效。

## 口袋豆腐裝憂愁

# 口袋豆腐

### 【菜品故事】

口袋豆腐又名「脹漿豆腐」。因此菜成菜後，用筷子提起，形如口袋而得名。

相傳，明末清初，擔當和尚雲遊至保山城東隅，在金雞寺掛單講經，感其水質鮮甜，別出心裁地創出了滋味鮮美的素食佳品——口袋豆腐，流傳至今。現在，金雞寺還保留着做口袋豆腐的石磨。

成菜形如口袋，色香味俱仝。

**【主料】** 豆腐500克

**【配料】** 冬筍30克，鮮蘑菇、菜心各50克

**【調料】** 胡椒粉0.5克，鹽5克，素湯25克，橄欖油7克，熟菜油1000克（約耗150克），生粉水20克

**【菜品製作】**

1 將豆腐切成拇指粗細、6厘米長的條。

2 鍋中加熟菜油，放入豆腐條炸至金黃，用特殊刀具挖空豆腐內部。

3 將冬筍、鮮蘑菇、菜心洗淨，切成小丁。

4 鍋中加橄欖油燒熱，放入切好的三丁，炒勻後加鹽調味。

5 將炒好的三丁釀入改好刀的豆腐中，放入蒸籠蒸20分鐘，取出後擺在盤中。

6 鍋內加素湯、鹽、胡椒粉調味，勾芡，澆在豆腐上即成。

【菜品營養】

豆腐的蛋白質含量豐富，其蛋白屬完全蛋白，含有人體所必需的八種氨基酸，而且比例也接近人體需要。此外，豆腐對病後調養、減肥、改善肌膚狀況亦有益處。

元元圓圓緣淵源

# 炸豆腐丸

**【菜品故事】**

相傳，明朝初期，朱元璋登華山，華山縣令以炸豆腐丸招待皇帝。

當被炸得淡黃而香脆的豆腐丸被端上桌後，朱元璋眼前一亮，他夾了一塊品嘗，感覺清香爽脆，味道可口。宮廷中的豆腐根本無法與之相提並論。朱元璋很高興地問：「此菜何名？」答曰：「炸豆腐丸。」朱元璋遂命縣令將炸豆腐丸的廚師送入宮中。此菜也由此流傳至今。

成菜色澤金黃，軟香可口。

**【主料】** 豆腐300克

**【配料】** 麵包糠50克

**【調料】** 麵粉50克，胡椒粉0.5克，鹽5克，橄欖油1500克（約耗35克），椒鹽20克，番茄醬25克

**【菜品製作】**

1 將豆腐洗淨，搓勻成豆腐蓉。

2 將豆腐蓉加鹽調味，加胡椒粉、麵粉和勻，製成豆腐丸，滾上麵包糠。

3 鍋置火上，加橄欖油燒至120℃，將豆腐丸子下入鍋中，小火炸至金黃色，撈出。

4 上桌時以椒鹽、番茄醬伴食。

【菜品營養】

**黑豆營養豐富，含有蛋白質、脂肪、維他命、微量元素等多種營養成分，同時又具有多種生物活性物質，如黑豆色素、黑豆多糖和異黃酮等。**

## 黑豆小蘑處處淨

# 黑豆小蘑

【菜品故事】

傳說，舜有個繼母，總對他百般刁難。一日，繼母將炒熟的豆子給他，讓他播種到地裏，種不出來就不要回家。舜種下炒熟的豆子，自然是幾個月不見豆苗發芽，於是他對天大哭。說來也怪，豆苗馬上長出來了，並結出豆莢。收穫後，舜將豆子泡發，與蘑菇合炒成菜，送給繼母食用。繼母被他打動，從此再也沒有為難他。此菜也成為「孝菜」，流傳至今。

成菜軟糯醬香，口感酥軟。

**【主料】** 黑豆150克，小蘑菇150克

**【調料】** 醬油15克，鹽5克，白糖2克，胡椒粉2克，薑片5克，生粉水25克，橄欖油25克

**【菜品製作】**

1 將黑豆洗淨，浸泡1小時，蒸30分鐘至熟。

2 將小蘑菇去蒂洗淨，焯水後待用。

3 鍋內加橄欖油燒熱，放入薑片爆香，加入小蘑菇略燒，下黑豆，加鹽、胡椒粉、白糖調味，加醬油調色，炒香後用生粉水勾芡即成。

【菜品營養】

百合有潤肺、止咳、清熱的功效。另據藥理研究表明，乾百合有升高白細胞的作用，因此對多種癌症也有較好的輔助治療效果。

百合空心悟真意

# 百合菜心

## 【菜品故事】

在白雲山附近流傳着一個傳説。一座寺廟的住持外出遊歷，從蘭州帶回了很多乾製百合，將其儲存在寺廟中。正巧這年大旱，糧食收成很少，於是僧人就把百合泡發，與米、空心菜一同熬成粥，送給當地的村民，村民們很是感激。荒年過去後，人們對這款百合粥念念不忘，後經過廚師改良，將百合和空心菜合炒做成此菜，改稱「慈善菜」。此菜流傳至今。

成菜清清爽爽，翠綠可口。

**【主料】** 乾百合100克，空心菜（通菜）150克

**【調料】** 鹽5克，白糖2克，胡椒粉2克，生粉水20克，薑5克，橄欖油25克

**【菜品製作】**

1 將乾百合用清水洗淨，用溫水脹發30分鐘至軟，洗淨後焯水。

2 空心菜洗淨，切段。可加少許油拌勻，空心菜不會變色。

3 鍋內加入橄欖油，倒入薑爆香，先將空心菜煸炒至綠，再下百合炒勻，加鹽調味，下白糖、胡椒粉拌勻，用生粉水勾芡即成。

【菜品營養】

白蘑菇中含有酪氨酸酶，對降低血壓有明顯效果。白蘑味鮮美，能增進食慾，益胃氣，可增強機體的免疫功能。

## 聲聲木魚平蘑香

# 白蘑菜心

【菜品故事】

清朝初年，北京有一位遠近聞名的中醫，名叫崔應魁，他是一名虔誠的佛教居士。他虔誠拜謁，與高僧交情甚好。崔應魁擅烹製素食。他還種植了許多白蘑，送給高僧品嘗。高僧嘗之，讚不絕口。

成菜清淡爽口，香味濃郁，鮮嫩滑軟。

【主料】白蘑菇350克

【配料】小棠菜150克

【調料】鹽5克，白糖2克，薑片5克，生粉水25克，芝麻油5克，素湯50克

【菜品製作】

1 將小棠菜擇洗乾淨，焯水。

2 鍋中加油燒熱，放入薑片爆香，加入小棠菜，加鹽調味，炒製後擺在盤底。

3 白蘑菇洗淨焯水，擺入加有芝麻油的碗中。加薑片、素湯、鹽調味，放入蒸籠蒸製40分鐘，潷出湯汁，扣在菜上面。湯汁留用。

4 鍋內加潷出的湯汁，調味，勾芡，澆在白蘑菇上即成。

【菜品營養】

小白菇富含蛋白質、氨基酸、維他命及多種礦物質元素，有利於提高人體免疫力，具有鎮咳、消炎、養胃等功效。

# 香烤小菇

## 香烤小菇酥酥香

【菜品故事】

據說，清朝名冠南洋的大書法家王文治特別愛吃菌類菜品。他烹製的烤小蘑菇與別人的不同。他將小蘑菇放在瓦罐中，用炭火慢烤，既保留了蘑菇口味的鮮美，又保持了它的形狀。他將這種方法傳給寺廟的廚師，讓此菜盛行一時。後經歷代廚師改良，改用烤箱烤小蘑菇，效果也非常好。

成菜色澤金黃，質地軟嫩，口味鹹香。

**【主料】** 小白菇250克

**【調料】** 鹽5克，醬油15克，糯米粉50克，生粉水15克，素湯20克，橄欖油20克

**【菜品製作】**

1 將小白菇洗淨，用溫水浸泡5分鐘，晾乾後反覆拍糯米粉。

2 烤箱預熱至180℃，放入拍粉後的小白菇，速烤15分鐘，取出，擺在盤中。

3 鍋內加橄欖油、素湯、醬油、鹽燒開，用生粉水勾芡，澆在小白菇上即成。

【菜品營養】

嫩豆腐，又稱南豆腐、軟豆腐、石膏豆腐等。豆製品中含有豐富的蛋白質，此蛋白為完全蛋白，不僅含有人體必需的八種氨基酸，而且其比例也接近人體需要，營養價值較高。嫩豆腐還含有多種礦物質，可補充鈣質，防止因缺鈣引起骨質疏鬆，促進骨骼發育，對小兒、老人的骨骼生長極為有利。

翡翠白玉信誠實

# 玉勺翠羹

【菜品故事】

習鑿齒，東晉史學家，少年時已博學超群，以能文著稱。當時著名僧人道安在北方傳教多年。道安和習鑿齒在特殊的情況下見面，習鑿齒獻玉勺翠羹這道素菜以示心意，被尊為上賓。這道菜也流傳至今。

成菜白綠相映，形色悅目，質脆嫩，味鮮而香。

【主料】嫩豆腐150克

【配料】鷹嘴豆（甜豆）50克，紅蘿蔔20克

【調料】鹽5克，薑片5克，冬筍鮮湯（做法見第47頁）50克，生粉水5克，熟橄欖油20克

【菜品製作】

1 將嫩豆腐去盒洗淨，放入蒸籠內，小火蒸10分鐘，晾涼後切丁。

2 將紅蘿蔔洗淨、切丁，紅蘿蔔丁、鷹嘴豆分別焯水。

3 鍋內加冬筍鮮湯、鹽調味，加入豆腐丁、紅蘿蔔丁、鷹嘴豆調勻，淋熟橄欖油，勾芡澆在上面，盛在特殊的小勺（蒸一下）中即可。

【菜品營養】

羊肚菌性平、味甘，具有益腸胃、消化助食、化痰理氣、補腎、壯陽、補腦、提神之功能，對脾胃虛弱、消化不良、痰多氣短、頭暈失眠有一定的治療作用。

## 山珍獻壽群仙賀

# 天下菌湯

【菜品故事】

南北朝時陶弘景與梁武帝交誼甚篤。國家有事，武帝造訪，因此陶弘景號為「山中宰相」，他還曾為武帝設計山珍湯。皇帝吃了龍顏大悅。可惜秘方沒有流傳下來。

成菜色形美觀悅目，香鮮多味，營養豐富。

**【主料】** 羊肚菌50克，黃牛肝菌100克，牛肝菌100克，松茸100克，茶樹菇100克，蘑菇50克，草菇50克

**【調料】** 鹽5克，胡椒粉2克，山珍菌粉10克，山珍菌湯1500克，橄欖油20克，菌油10克

**注：** 山珍菌粉是用幾十種菌類乾製品磨製而成的粉，四川、雲南地區均有出售。山珍菌湯就是將山珍菌粉包裹起來，加開水煮製的湯。水和菌粉的比例為10比1。菌油就是用各種蘑菇提取的一種油，由雲南省農科研究院研製而成。在雲南一帶，有很多的賣家出售。

**【菜品製作】**

1 將羊肚菌用涼水洗淨，用溫水泡發（湯留用）。

2 將黃牛肝菌、牛肝菌、蘑菇洗淨，切片。鍋內加少許油，將切好的原料略炒，待用。

3 將松茸、茶樹菇、草菇洗淨，放在砂鍋內，再將黃牛肝菌、牛肝菌、蘑菇擺在松茸、茶樹菇、草菇上面，最後將羊肚菌擺在最上面。

4 鍋內加山珍菌鮮湯、山珍菌粉、橄欖油、菌油、鹽、胡椒粉調味，倒入砂鍋內，放入蒸籠大火蒸1小時即成。

【菜品營養】

竹笙具有補腎壯陽、益胃清腸、抗老防衰、消炎止痛、減肥等多種功效。竹笙對血管硬化、高血壓、高血脂等中老年人常見病也有一定療效。

## 清湯竹笙飄仙來

# 清湯竹笙

### 【菜品故事】

傳說，北宋文學家歐陽修一日醉酒而歸。家廚便將上好的竹笙浸泡，加院中的泉水蒸製，擺在廳堂。歐陽修當時正酣睡，聞到此味醒來，忙問：「這是甚麼香味？」家廚曰：「竹笙湯。」歐陽修喝了竹笙湯後，覺得心曠神怡。後每與高僧談佛論經，就讓家廚做竹笙湯與高僧一同品嘗，高僧嘗後也讚嘆不已。此菜自此廣為流傳。

成菜湯汁清鮮，竹笙質嫩脆爽，更因竹笙的網狀菌裙自然成形，美觀雅麗，誘人食慾。

**【主料】** 水發竹笙150克

**【配料】** 杞子5克

**【調料】** 素清湯1000克，鹽7克，橄欖油15克

**【菜品製作】**

1 竹笙去結，用涼水脹發（原湯留用），切段。

2 將杞子洗淨，用涼水脹發。

3 鍋中加素清湯和脹發竹笙的湯，加鹽調味。放入竹笙段煮至沸，撇去浮沫，加杞子燒開，淋橄欖油即成。

【菜品營養】

冬筍對肥胖症、冠心病、高血壓、糖尿病和動脈硬化等症有一定的食療功效。冬筍所含的多糖物質還具有一定的抗癌作用。但是冬筍含有較多草酸鈣，患尿道結石、腎炎的人不宜多食。

## 文思豆腐傳經來

# 文思豆腐

【菜品故事】

據說，文思和尚生來愛吃豆腐，曾經學習製作紫柏豆腐羹。清代俞樾的《茶香室叢鈔》中說：「文思字熙甫，工詩，又善為豆腐羹、甜漿粥。至今效其法者，謂之文思豆腐。」《調鼎集》上又稱之為「什錦豆腐羹」。

成菜乳白爽口，工藝精美。

【主料】 嫩豆腐200克

【配料】 冬筍絲5克

【調料】 素湯400克，鹽2克，生粉25克，芝麻油2克，胡椒粉1克

【菜品製作】

1 將嫩豆腐加工成細絲，泡入涼水中。切豆腐要一氣呵成。

2 鍋內加素湯，加入鹽調味，加入豆腐絲，開鍋時慢慢勾芡。

3 用勺子底在湯表面輕輕攪動，放入冬筍絲、胡椒粉稍煮，淋入芝麻油即成。

【菜品營養】

番薯粉是指用薯類塊莖為原料，經浸泡、蒸煮、壓條等工序製成的條狀、絲狀製品。因薯類澱粉含量比大米更高，所以番薯粉比米粉更柔韌，更富有彈性，水煮不易糊湯，乾炒不易斷，也是名小吃酸辣粉的主要原料。

## 番薯粉香飄南北

# 炒番薯粉

【菜品故事】

郭沫若在一九六三年特為番薯寫過一首近日還被報紙轉載的詞《滿江紅・紀念番薯傳入中國三百七十周年》。郭沫若的這首讚番薯的詞，既是一首番薯和引進者陳振龍的頌歌史詩，又是番薯傳入中國後迅速種遍全國的讚歌。番薯粉條現在成了時尚食品，炒番薯粉歷來都是素食中的高檔品，名聲極大。

**【主料】** 番薯粉350克

**【配料】** 水發冬菇25克，蘑菇50克，熟筍25克，冬菇適量

**【調料】** 鹽3克，醬油15克，薑絲5克，芝麻油15克，素油適量

**【菜品製作】**

1 將冬菇切碎，用素油炒香，加開水熬成湯。冬菇和水的比例是1:3。將熬好的湯取25克備用。

2 將番薯粉反覆泡軟至無硬心，放入鍋中略煮至軟。

3 將水發冬菇、蘑菇、熟筍洗淨，切成絲。

4 先將鍋燒熱，鍋內再加油，下薑絲爆香，加番薯粉煸炒至軟、酥、香，加入冬菇絲、蘑菇絲、熟筍絲略炒，加入冬菇鮮湯、鹽、醬油翻炒均勻出鍋，淋芝麻油即可。

【菜品營養】

蘑菇是低熱量食品，可以防止發胖。蘑菇富含微量元素硒，是良好的補硒食品，可提高免疫力。

蘑菇竹筍羅漢麵

# 燒羅漢麵

【菜品故事】

傳說，有一位商人帶着大量的上等蘑菇，從天津出發沿水路南行。船過之處，蘑香四溢，引來成群結隊的魚蝦尾隨。船上的人既驚訝又惶惶不安，擔心會翻船，紛紛央求蘑菇商扔掉蘑菇。蘑菇商無奈，只好打開箱子，把蘑菇全部拋入水中。魚群也追隨漂流的蘑菇四散而去。事後，蘑菇商將魚群圍船、蘑菇解圍之事四處講說，人們爭相購買他的蘑菇。蘑菇商又將蘑菇作配料做成羅漢麵，在當地賣得特別好。

成菜軟潤爽口。

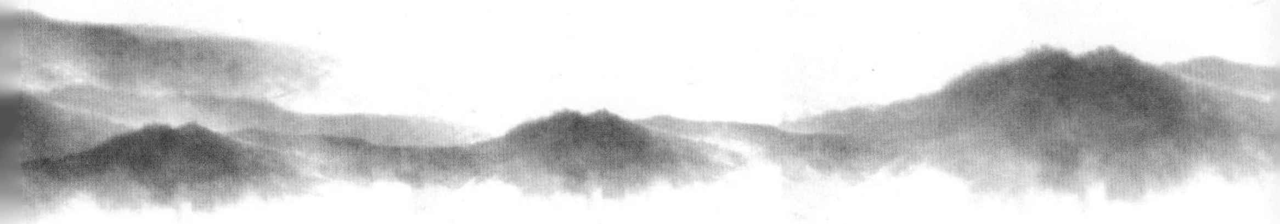

**【主料】** 手擀麵250克

**【配料】** 蘑菇20克，竹筍20克，腐竹20克

**【調料】** 鹽1.5克，鮮薑片5克，素湯400克，芝麻油15克

**【菜品製作】**

1 將蘑菇、竹筍、腐竹洗淨，切成小丁。

2 鍋內加油燒熱，放入薑片爆香，下蘑菇、竹筍、腐竹煸炒5分鐘至香，加鹽、素湯調味，開鍋後加芝麻油炒勻倒出，備用。

3 鍋內加水煮沸，下手擀麵，將麵條煮熟。

4 將煮熟的麵條入涼開水中焯一下，撈出麵條。將炒好的配料、滷汁澆在麵條上拌勻即成。

【菜品營養】

薏米中含有蛋白質、脂肪、碳水化合物、粗纖維、鈣、磷、鐵、維他命$B_1$、維他命$B_2$、菸酸、澱粉、賴氨酸、脂肪酸等營養成分。

開花獻佛獻誠意

# 開花獻佛

【菜品故事】

相傳，明朝末年，雲谷禪師來到南京棲霞寺，恰逢陸光祖來訪。兩人一見如故，越談越投機，竟連談三日。家廚給他們做了「開花獻佛」這道素食。陸光祖品嘗後讚不絕口，由此萌發出修葺棲霞寺的善心。此菜也由此流傳至今。

成菜酸甜可口。

**【主料】** 薏仁米250克，大米100克，海帶100克

**【配料】** 番茄150克

**【調料】** 鹽5克，白糖50克，芝麻油5克，生粉水20克

**【菜品製作】**

1 薏仁米入水浸泡1小時，大米入水浸泡15分鐘。將薏仁米和大米混合均勻，放在碗內，放入蒸籠蒸成米飯。

2 將海帶洗淨，切成絲，入鍋煮熟。

3 取一大碗，抹上芝麻油，用海帶圍邊，裝入拌上白糖的米飯放入蒸籠蒸25分鐘，扣入盤中。

4 番茄改刀成花瓣狀，擺在米飯周邊，用生粉水勾芡，澆在上面即成。

## 【菜品營養】

香米又名香禾米、香稻，西漢時已有種植，具有很大的營養價值，是補充營養素的基礎食物。

糯米含有蛋白質、脂肪、糖類、鈣、磷、鐵、維他命$B_1$、維他命$B_2$、菸酸及澱粉等，營養豐富，為溫補強壯食品，具有補中益氣、健脾養胃、止虛汗之功效。

佛家石鍋米飯香

# 石鍋燜飯

【菜品故事】

據傳，明朝萬曆年間，巴郡（今重慶一帶）發生地震，巴人遭受巨大災難，死傷無數。饑餓威脅着災民的生命，而朝廷的救濟糧又遲遲未至。在這萬分危機時刻，有一鄉紳挺身而出，將自己所存的糧食都拿出來救濟百姓。他組織家丁將大米、香米、糯米等糧食拿出來，取石鍋煮之，並分發給城內災民。此飯也由此流傳至今。

成菜香糯可口，色澤美麗。

**【主料】** 大米250克，香米100克，糯米100克

**【配料】** 紅蘿蔔75克，芹菜15克

**【調料】** 素湯50克，薑末5克，鹽5克，芝麻油15克

**【菜品製作】**

1 將大米、香米、糯米淘洗淨，加適量水，蒸成米飯。

2 將石鍋燒熱，用芝麻油擦兩遍。

3 將紅蘿蔔、芹菜洗淨，均切成丁。

4 鍋內加油燒熱，倒入薑末爆香，放入紅蘿蔔丁、芹菜丁炒香，加素湯、鹽調味，加入蒸好的米飯攪勻，淋芝麻油即成。

【菜品營養】

南瓜中的果膠能調節胃內食物的吸收速率，使糖類吸收減慢。可溶性纖維素能推遲胃內食物排空時間，控制飯後血糖上升。南瓜含有豐富的鈷，鈷能活躍人體的新陳代謝，促進造血功能，是人體胰島細胞所必需的微量元素。

# 乾烤爽果

## 【菜品故事】

東晉將領桓伊，字叔夏，小名野王，譙國桎（今安徽宿縣）人。桓伊任江州太守時，沙門慧遠雲游至盧山，兩人交往甚善。慧遠將所帶的炸芝麻球送給桓伊，桓伊十分愛吃。慧遠率衆開講《涅槃經》，顯現許多祥瑞之相。但他所住之地十分狹小，桓伊聞聽之後，十分感動。一方面帶頭施捨，另一方面草擬奏章上報朝廷，朝廷准立東林寺。自此，芝麻球也流傳下來，經歷千年而不衰。

成菜清淡、甜甘、爽口。

**【主料】** 麵粉 200克，糯米粉50克，南瓜150克

**【調料】** 白芝麻50克，白糖5克

**【菜品製作】**

1 將洗淨的南瓜切塊，皮朝下，放入蒸籠蒸至軟嫩，製成蓉。

2 將麵粉加入南瓜蓉、白糖後反覆摔打，製成球狀，滾上白芝麻。烤箱預熱至150℃，放入芝麻球烤25分鐘即成。

【菜品營養】

荔浦芋頭能增強人體的免疫功能，對癌症患者手術後放射化療以及康復有輔助治療作用。又因氟的含量較高，芋頭有潔齒防齲，保護牙齒的功效。

## 香芋藏珍珍惜時

# 香芋藏珍

【菜品故事】

傳說，清朝乾隆年間，劉墉被貶到廣西當巡撫。廣西每年須進貢荔浦芋頭到北京給皇帝享用，芋頭沉重兼路途遙遠，勞民傷財。劉墉體恤民情，赴任後以貌似芋頭、質粗味劣的山薯冒充芋頭給乾隆食用。乾隆吃了大倒胃口，於是免掉了荔浦芋頭的進貢。不料，劉墉的政敵借機陷害，找來了正宗的荔浦芋頭，乾隆一嘗，才明白自己受到劉墉的愚弄，一怒之下，把他再次貶官。

成菜形似紅棗，外脆裏嫩，味甜適口。

【主料】荔浦芋頭蓉300克

【配料】豆沙100克，熟瓜子仁50克

【調料】生粉30克，鹽3克

【菜品製作】

1 將荔浦芋頭去皮，洗淨切塊，蒸35分鐘至熟爛。用攪拌機把芋頭攪成蓉，加少許白糖、芝麻油拌勻。

2 將荔浦芋頭蓉中包入豆沙，製成饅頭形，再蒸25分鐘。

3 在荔浦芋頭上擺上熟瓜子仁即成。

【菜品營養】

銀耳又稱白木耳、雪耳、銀耳子等，有「菌中之冠」的美稱。銀耳味甘、淡，性平，無毒，既有補脾開胃的功效，又有益氣清腸、滋陰潤肺的作用。

## 銀耳大棗美美羹

# 銀耳紅棗羹

【菜品故事】

相傳，慈禧太后在六十歲大壽的壽宴上，喝了一碗銀耳桂圓大棗羹，讚不絕口。她知道銀耳是由四川送來的，便吩咐宮女：「你告訴他們，這銀耳口感很好，多做些。」管事太監馬上通知四川總督火速再進貢一些。自此，慈禧太后每天都要吃一碗銀耳大棗羹，此菜也流傳至今。

成菜湯清淡雅，銀耳脆潤，富有特殊的香味。

【主料】 水發銀耳125克

【調料】 紅棗50克，杞子5克，桂圓肉20克，素清湯750克，鹽1克，白糖50克

【菜品製作】

1 將銀耳去根洗淨，涼水脹發，撕成小朵。

2 將紅棗洗淨，去核，杞子、桂圓肉洗淨。

3 鍋內加素清湯，下掰好的銀耳、紅棗、桂圓肉燒開，加入鹽、白糖調味，小火煮5分鐘，撒入杞子即成。

【菜品營養】

胖大海味甘，性涼，入肺、大腸經，具有清肺熱、利咽喉、解毒、潤腸通便之功效。常用於肺熱聲啞、咽喉疼痛、熱結便秘以及用嗓過度等引發的聲音嘶啞等症。

飄香大海參差美

# 泡胖大海

## 【菜品故事】

胖大海產於泰國、馬來西亞、柬埔寨等地，大約是鄭和下西洋時帶入中國，起初只是作為藥用。近代廚師發現以胖大海與冰糖、杞子為主料做成的甜品，對吸煙引起的一些症狀有一定的療效，就供給客人品嘗，客人品之非常喜歡。此菜在現代素食餐廳特別流行。

成菜呈紅色，有甜、香等多種味道，特別清爽可口。

**【主料】** 胖大海5個

**【配料】** 杞子10個

**【調料】** 白糖50克，鹽1克，清水500克，冰糖25克

**【菜品製作】**

1 將胖大海洗淨，用涼水脹發，去皮、核。

2 將杞子用涼水洗淨，然後浸泡在涼水中。

3 取一大湯碗，把擇好的胖大海倒入碗中加清水、冰糖、白糖、杞子、鹽，放入蒸籠蒸製45分鐘。

4 取出蒸好的胖大海，倒入容器中即成。

【菜品營養】

夏威夷果富含不飽和脂肪酸，所以它不僅有調節血脂血糖的作用，還可有效降低血漿中血清總膽固醇和低密度脂蛋白膽固醇的含量。

悟空兩合和為興

# 掛霜雙果

【菜品故事】

在西餐中，有一道著名的夏威夷果烤麵包。在剛剛引入中國時，人們都以為是用花生製作而成的。直到二十世紀八十年代，廣東推出一道名菜「夏果炒芥菜」，人們才真正認識到夏威夷果的魅力。

一九八〇年以後，中國大量引種，先後在四川、廣東、廣西、雲南等地栽培。自此，夏威夷果被大量運用到中餐中。廚師把夏威夷果和腰果同炸，掛霜製成甜品，廣受歡迎。

成菜雪白香甜，口感香脆。

**【主料】** 夏威夷果150克，腰果150克

**【調料】** 白糖75克，油1500克（實耗25克）

**【菜品製作】**

1 將夏威夷果、腰果洗淨，在水中浸泡約5分鐘，撈出。

2 鍋內加油燒熱，放入夏威夷果、腰果分別炸至呈金黃色。

3 鍋內加水、糖，熬至泡泡由大泡變成小泡，最後變稀後變小火。待糖變色、變稀，將夏威夷果和腰果下入糖霜內，翻炒均勻即成。

【菜品營養】

山藥（淮山）含有黏蛋白、澱粉酶、皂苷、游離氨基酸、多酚氧化酶等物質，具有滋補作用，為病後康復食補之佳品，有強健機體、滋腎益精的作用。

## 藍莓山藥記相思

# 藍莓山藥

【菜品故事】

有一天，魏徵與李密共進晚餐，商議如何攻打滎陽。席間，廚師端上一盤糖山藥，李密下筷就吃，不料被燙起幾個大泡。此時，廚師又送上一碗涼水，魏徵挾起山藥往涼水中一涮，然後放入口中，並叫李密也照此法品嘗。「李將軍，打仗和吃菜一樣，要冷熱兼顧，需冷則冷，當熱則熱。」

後來人們覺得糖山藥太甜，廚師進行改良，做成「藍莓山藥」，受到廣大食客的好評。

成菜甜香糯軟，營養豐富。

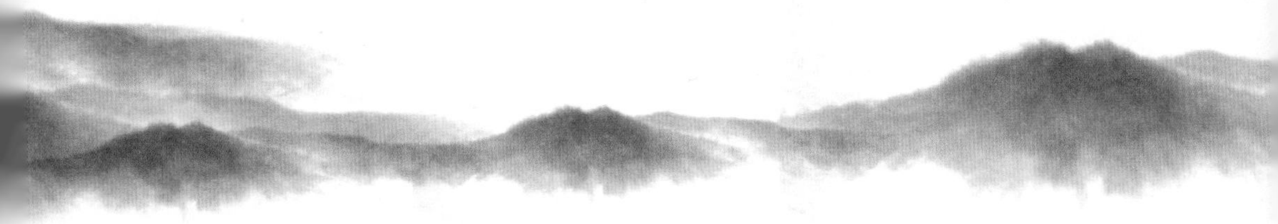

**【主料】** 鐵桿山藥500克

**【調料】** 藍莓汁60克，白糖20克，芝麻油5克

**【菜品製作】**

1 將鐵桿山藥去皮，洗淨蒸熟。

2 取一盤，將山藥改成不同高度的段，擺成梯形。

3 將藍莓汁、白糖、芝麻油調勻，澆在山藥上即成。

【菜品營養】

紫薯中的硒和鐵是人體抗疲勞、抗衰老、補血的必要元素。其中，硒被稱為「抗癌大王」，易被人體吸收，可留在血清中，修補心肌，增強機體免疫力，清除體內自由基，抑制癌細胞DNA的合成和癌細胞的分裂與生長。

瑪瑙薯棗紫氣來

# 瑪瑙紫薯

## 【菜品故事】

據說，中國佛教協會原會長趙樸初非常喜歡吃紫薯，尤其喜歡將紫薯製成蓉，蘸白糖食用。此菜口感甘甜，營養健康，延年益壽。有詩為證：「不知肉味七十年，虛度自漸已九十。客來問我養生方，無可奉告惟紫薯。」此菜後來被作為養生菜流傳下來，取名「紫氣東來」。

成菜味道可口，造型美觀。

**【主料】** 紫薯350克

**【配料】** 棗蓉100克

**【調料】** 白糖50克，油1250克（實耗25克）

**【菜品製作】**

1 將紫薯洗淨，去皮後切塊，放入蒸籠蒸熟，製成蓉。

2 將紫薯搓勻，製成一個大小一樣的餅，將棗蓉包入其中。

3 鍋內加油燒熟，下包好的紫薯炸香，撈出瀝油，擺入盤中，撒上白糖上即成。

## 【菜品營養】

豆沙中富含的碳水化合物，能儲存和提供熱能，是維持大腦功能必需的能源。豆沙還可以調節脂肪代謝，提供膳食纖維，增強腸道的消化功能。

## 佛家酥餅化緣饑

# 佛家酥餅

【菜品故事】

傳說，明朝名士張元忭做了一個奇怪的夢，夢見一條神龍給他一張字條。他醒來後，竟然真的在地上撿到一張字條，上面寫着佛餅的做法。他到龍王廟前謝過龍王，並按照此方製成餅，呈給皇帝。皇帝食後龍顏大悅，命御廚照此方製作了許多餅，送至龍王廟。此餅也由此流傳下來。

成菜色澤米黃，酥香可口。

**【主料】** 麵粉500克

**【配料】** 紅豆沙50克，綠豆沙50克

**【調料】** 白糖25克，鹽2克，橄欖油100克

**【菜品製作】**

1 將橄欖油入鍋燒熱。將150克麵粉與熱油混勻，製成油酥。

2 將剩下的350克麵粉加水和勻，製成油水麵。

3 將紅豆沙、綠豆沙加糖、鹽調勻，製成餡心。

4 將油水麵擀成餅，包入油酥，擀成餅，分成20個麵坯，包入豆沙餡。

5 將烤箱預熱至150℃，將製好的餅放入烤箱，烤熟即成。

【菜品營養】

蘋果不僅含有豐富的糖、維他命和礦物質等大腦必需的營養素，還富含鋅元素。據研究，鋅是人體內許多重要酶的組成部分，是促進生長發育的關鍵元素。

果仁蘋果平安福

# 果仁蘋果

【菜品故事】

因為蘋果的「蘋」字和「平」同音，所以在中國吃蘋果有「平平安安」的說法。釀蘋果的起源時間很早。人們將蘋果定為「愛情之物」，把蘋果挖空，釀進喜歡吃的餡心，來表達對心愛的人的忠誠。

成菜金黃色的蘋果酥軟油潤，餡柔韌香嫩，一菜多味，清雅爽口。

**【主料】** 小蘋果500克（10個）

**【配料】** 花生25克，核桃25克，腰果25克，藕丁100克，松子15克

**【調料】** 鹽5克，生粉水17克，白糖50克，橄欖油50克，濃度5%的鹽水適量。

**【菜品製作】**

1 選擇一樣大小的蘋果用特殊刀具切開，挖去果核、果肉，浸泡在濃度為5%的鹽水中。

2 將花生、核桃、腰果、藕丁、松子炸香拍碎，加白糖拌勻，裝入蘋果盅內。

3 蒸籠置火上，放入蘋果盅，蒸製25分鐘。

4 鍋內加水，入白糖調勻，燒開，再加生粉水勾芡，澆在蘋果盅內即成。

【菜品營養】

酵母是人類飲食的一大進步，它含有豐富的蛋白質、維他命和酶等生理活性物質。在醫藥上，將其製成酵母片，用於輔助治療因不合理的飲食引起的消化不良症。

## 烤饃蘑香似烟雲

# 香烤白饃

【菜品故事】

早些時候，賣烤白饃的攤主在製作時，一般是左手捏麵糰，右手持擀麵杖，用擀麵杖敲出「嗒嗒嗒嗒—叭」的節奏。這是柔中帶剛的悅耳之聲。南來北往的，肚子餓的、肚子不餓的客人，聽到這個節奏，都會想到剛出爐的烤白饃。

成菜酥軟清香，嚼之味中有味，營養豐富。

**【主料】** 發酵麵糰250克

**【調料】** 朱古力粉50克，糖粉25克

**【菜品製作】**

1 將發酵麵糰（麵糰要稍硬）製成蘑菇狀的饅頭。

2 將蘑菇狀的饅頭放入蒸籠，蒸製25分鐘。

3 待蒸至成熟時將朱古力粉和糖粉拌勻，撒在蘑菇狀饅頭上即成。

【菜品營養】

紫菜具有化痰軟堅、清熱利水、補腎養心的功效。紫菜對甲狀腺腫、水腫、慢性支氣管炎、咳嗽、高血壓等也有一定的治療效果。

事事如意紫菜美

# 柿子點心

## 【菜品故事】

東晉郗超自幼卓爾不凡，博學多識。他無心仕途，棲心佛教，常與僧人談經論道。郗超愛吃糯米，特別愛吃糯米粉製成的菜品。家廚見他愛吃糯米素食，特製成『事事如意點心』給他品嘗。他吃了之後讚不絕口。

成菜滑細嫩，味鮮香，回味雋永。

註：柿子自古就有事事如意的喻意。

**【主料】** 糯米粉300克，紫菜200克

**【配料】** 水發木耳50克，紅蘿蔔蓉100克，冬菇適量

**【調料】** 鹽15克，白糖10克，醬油15克，生粉10克，芝麻油5克，橄欖油1500克（實耗25克），素油適量

**【菜品製作】**

1 將冬菇切碎，用素油炒香，加開水熬成湯。冬菇和水的比例為1:3。取30克湯備用。

2 糯米粉中加入紅蘿蔔蓉，調勻和成麵糰。

3 將紫菜剪成小片，水發木耳切碎。

4 鍋中加油，注入冬菇鮮湯，加鹽、糖、醬油調味，加入紫菜和木耳，煸炒至入味，製成餡心。

5 將餡心包入和好的麵糰中，製成「柿子」的形狀（最好用柿子形狀的模具製作）。

6 鍋內加入橄欖油，燒至150℃，放入「柿子」炸熟即成。

【菜品營養】

白菇味鮮美，能增進食慾，益胃氣，有增強機體免疫力的功能。白蘑菇是唯一一種能提供維他命D的蔬菜，當白蘑菇受到紫外線照射的時候，就會產生大量的維他命D。人體多攝入維他命D，能很好地預防骨質疏鬆症。

注：把蘑菇搗碎成蓉是現代攪拌機的功能，在古代只能用「石炙」打黏成蓉。

## 菩薩酥餅酥天下

# 菩薩酥餅

**【菜品故事】**

顧愷之，東晉杰出的畫家，生於官宦人家，人稱「三絕」（才絕、畫絕、痴絕）。興寧二年，慧力和尚慾興建瓦罐寺，向各界籌款，顧愷之允諾一百萬，衆人皆不信。他搬到寺廟住下，閉門一月，每天吃家廚烙的蘑菇大餅，在牆上畫了一幅「維摩詰居士」的畫像，但沒有畫眼睛。三天後，他到畫前點了眼睛。這一點，畫像立即栩栩如生，呼之慾出。他對慧力和尚說：「從明天起，可以讓人來看壁畫，第一天看畫者捐資十萬，第二天減半，第三天以後隨喜功德。」消息傳出，人們爭先恐後來看。看畫者絡繹不絕，籌款很快超過百萬錢。他喜食的蘑菇大餅也隨之流傳起來。

成菜餅質軟嫩清脆，味鮮香，形雅色美。

**【主料】** 大白菇12個，麵粉200克

**【調料】** 鹽10克，芝麻油15克，素油適量

**【菜品製作】**

1 將大白菇洗淨，用攪拌機攪成蓉狀。

2 將麵粉調入攪好的大白菇蓉中，反覆摔打，加鹽製成餅坯。

3 選用平底鍋，入油燒熱，加芝麻油將製好的餅烙至兩面淡黃色、熟透即可。

【菜品營養】

海苔內含有15%左右的礦物質，其中有維持正常生理功能所必需的鉀、鈣、鎂、磷、鐵、鋅、銅、錳等，其中硒和碘含量尤其豐富。這些礦物質有利於兒童的生長發育，對老年人延緩衰老也有幫助。

## 海苔吉祥真如意

# 釀海苔卷

【菜品故事】

王維，唐朝詩人、畫家，日常以素食為主。他愛吃海苔、海菜、紫菜。一日，宮廷御廚從家鄉帶了一些紫菜餅，王維品嘗後讚其味道鮮美。御廚告之：「家鄉之人用紫菜包菜，味道更美。」於是王維和御廚約定去御膳房品其做的家鄉菜，品後讚嘆不已。王維是孝子，又帶了幾個給母親品嘗。母親吃了連聲叫好，於是此菜就成為王維家每餐必有的菜品。王維喻其名為「卷蔬」。

成菜色澤如烏金，口感韌香，營養豐富。

**【主料】** 海苔片150克

**【配料】** 綠豆芽50克，五香豆乾50克，紅蘿蔔20克，芫茜20克

**【調料】** 薑粉5克，胡椒粉0.5克，鹽5克，花椒油10克，素沙律醬50克

**【菜品製作】**

1 將綠豆芽去兩頭。五香豆乾、紅蘿蔔洗淨，切絲。芫茜洗淨，切段。

2 鍋中加油，下綠豆芽、五香豆乾絲、紅蘿蔔絲炒勻，加薑粉、胡椒粉、鹽、花椒油調味，撒上芫茜段上碟。

3 取海苔片鋪平，抹上素沙律醬，將炒好的配料捲入其中，放入固定的盛器中即可。也可以配素番茄醬食用。

【菜品營養】

紅棗能補益脾胃和補氣血，對中氣不足及氣血虧損人士特別有幫助。

## 炒糉香香節日來

# 炒小糉子

**【菜品故事】**

北宋時有兩位清官：一位是黑臉包拯，另一個是鐵面趙公。趙公，字閱道，號知非子，祖籍衢州（今浙江衢州）。景祐年間，趙公進士及第後任殿中侍御史，常吃素食，愛吃糉子，尤愛吃炒小糉子。小糉子是像拇指般大小的糉子。當時只有宮廷內才做得出這樣的小糉子，能吃到不容易。

成菜口感軟糯，味道清香。

**【主料】** 小糉子400克

**【配料】** 紅棗20克，紅蘿蔔20克

**【調料】** 橄欖油1000克（實耗50克），薑片5克，生粉25克

**【菜品製作】**

1 將小糉子去糉衣，切成小滾刀塊，拍生粉。

2 鍋內加橄欖油燒至150℃，下小糉子塊炸香。

3 將紅棗去核，洗淨切片。紅蘿蔔洗淨切片。

4 鍋中加橄欖油燒熱，放入薑片爆香，下炸好的小糉子、紅蘿蔔片、紅棗片，翻炒均勻即成。

【菜品營養】

紅蘿蔔素有「小人參」之稱，富含糖類、脂肪、胡蘿蔔素、維他命A、維他命$B_1$、維他命$B_2$等營養成分。菠菜具有養血、止血、斂陰、潤燥之功效，另可通腸導便，防治痔瘡。

紅蘿鬆鬆美酥香

# 炸紅蘿蔔鬆

## 【菜品故事】

相傳，蘇軾的妹妹乃一代才女，俗稱「蘇小妹」。蘇軾知道小妹愛吃紅蘿蔔鬆，便命家廚烹製一道特殊的紅蘿蔔菜品。家廚費盡腦汁，製成了這道紅蘿蔔鬆。一日，蘇軾去看小妹，帶了這道紅蘿蔔，小妹吃後非常高興。於是，蘇軾便將此菜的製作方法傳給蘇小妹。自此，這道菜便流傳下來。

成菜色澤紅黃，甜香味鮮。

**【主料】** 淨紅蘿蔔中段500克

**【配料】** 菠菜300克

**【調料】** 糯米粉30克，芝麻25克，白糖50克，熟菜油1000克（約耗100克）

**【菜品製作】**

1 將紅蘿蔔去皮切成細絲晾乾，拍糯米粉。

2 將菠菜洗淨，切成粗細絲，晾乾。

3 鍋內加熟菜油燒至150℃，放入拍好粉的紅蘿蔔絲炸香撈出備用。將菠菜絲炸乾，撈出後墊底，上面擺上紅蘿蔔絲，撒上芝麻、白糖即成。

【菜品營養】

番薯含有大量膳食纖維，在腸道內無法被消化吸收，能刺激腸道，增強蠕動，通便排毒，尤其對老年人便秘有較好的療效。

燈影薯片蓮子香

# 燈影薯片

## 【菜品故事】

黃庭堅，北宋文學家、書法家。他虔誠奉佛，常以素食招待客人。一日，黃庭堅宴客。家廚將芋頭切成薄片，在油鍋裏稍炸後，又把煮好的蓮子捲了進去，呈上桌。客人看了很驚訝，忙問：「此菜何名？」家廚曰：「芋頭珍珠卷。」衆人無不稱讚，爭相品嘗。此菜後來經過廚師的改良，用番薯片代替芋頭片，口味更好。

成菜色澤金紅，酥脆爽口，酥香回甜。因番薯片薄透明，炸後隔片能見燈影，故名。

**【主料】** 番薯2個（約500克）

**【配料】** 蓮子100克

**【調料】** 白糖5克，黑芝麻20克，熟菜油1000克（約耗150克）

**【菜品製作】**

1 將番薯洗淨去皮，改成大方塊，用大刮皮刀刮成大薄片，晾乾。

2 蓮子洗淨浸泡1小時，去芯，放入蒸籠蒸製30分鐘至酥爛。

3 鍋內加熟菜油，將晾乾的番薯薄片炸乾，撈出後趁熱捲入熟蓮子；如喜歡，可灑上白糖、黑芝麻伴食。

【菜品營養】

腰果營養十分豐富，脂肪含量高達47%，蛋白質含量為21.2%，另含有碳水化合物、維他命B雜和礦物質，特別是其中的錳、鉻、鎂、硒等微量元素含量較高，具有抗氧化、防衰老、抗腫瘤和抗心血管病的作用。

果實累累逗人愛

# 酥炸腰果

## 【菜品故事】

腰果的老家在巴西東北部的雨林區，十六世紀葡萄牙人到來之前，腰果就已經是當地人的美食了。

葡萄牙人對這種堅果喜愛有加，把它帶到了非洲並種植成功，後來有眼光的商人將腰果的樹苗帶到了亞洲。在印度，腰果被做成腰果醬，作為咖喱醬汁的底料使用。中國人則喜歡吃炸腰果，並配上椒鹽。時至今日，腰果已經成了名副其實的世界堅果。

成菜香脆可口，酥爽美味。

**【主料】** 腰果250克

**【調料】** 椒鹽15克，橄欖油750克（實耗25克）

**【菜品製作】**

1 將腰果洗淨，浸泡2分鐘，撈出。

2 鍋內加橄欖油，燒至120℃，放入腰果小火炸至金黃酥香。

3 將炸好的腰果裝盤，撒上椒鹽即可。

**【菜品營養】**

秋葵，又名毛茄、羊角豆，它含有豐富的營養，有蛋白質、脂肪、碳水化合物及維他命A和B、鈣、磷、鐵等。

## 烤香秋葵魁中悟

# 乾烘秋葵

【菜品故事】

據說，一日，秦國夫人去寺廟燒香，寺院住持為秦國夫人安排齋菜。齋菜中有一道乾炸秋葵。秦國夫人非常喜歡吃，問：「此菜是寺中常做之菜？」主持答曰：「寺中香客送來很多秋葵，不知怎麼做，無奈炸乾儲存，今聞夫人愛吃，特拿來給夫人品嘗。」夫人吃了之後，非常高興。請寺內廚師告知做法，並帶回府內。此菜從此流傳下來。

成菜碧綠，酥香可口。

**【主料】** 秋葵300克

**【調料】** 糯米粉20克，鹽5克，胡椒粉2克，油1500克（實耗25克）

**【菜品製作】**

1 將新鮮的秋葵晾乾，拍糯米粉。

2 鍋內加油，燒至120℃，加入秋葵，慢火酥炸，撈出後瀝乾油，加入鹽、胡椒粉拌勻即成。也可放烤箱中烤製。

【菜品營養】

核桃仁含有豐富的蛋白質和人體必需的不飽和脂肪酸，這些成分有極佳的補腦效果。核桃仁還可有效預防動脈硬化，降低膽固醇。

## 酥炸桃仁爆智慧

# 酥炸桃仁

【菜品故事】

傳說，核桃和蟠桃一樣，是西王母的聖果，又稱長壽果，一般的凡人根本看不到、摸不着。

成菜皮酥肉鮮香。

【主料】 鮮核桃400克

【調料】 鹽800克，椒鹽20克，米醋50克

【菜品製作】

1 將鮮核桃洗淨，晾乾，用米醋醃製30分鐘。

2 鍋置火上燒熱，放入鹽炒熱。將核桃也放入鍋中，待聽到核桃發出「砰砰」的響聲即成。食用時加椒鹽。

【菜品營養】

蟲草花含有豐富的蛋白質、氨基酸以及蟲草素等成分，其中蟲草酸和蟲草素能夠增強體內巨噬細胞的功能，對增強和調節人體免疫功能、提高人體抗病能力有一定的作用。

酥香蟲草飄乾香

# 乾炸蟲草

**【菜品故事】**

蜀人李文進，明朝嘉靖年間任副都御史。相傳，一日，家廚將蟲草花燒製入味送給李文進吃，李文進食後大悅，並將此菜送給與之交好的和尚品嘗。和尚嘗後大加讚賞，曰：「寺院中經常用蟲草花做菜，卻從未做出這般好味，今帶回寺院供其他人品嘗。」此後，這道菜就被各大寺院流傳下來。

成菜酥香，色澤誘人。

**【主料】** 蟲草花250克

**【調料】** 鹽5克，白糖2克，醋4克，麵粉20克，橄欖油1500克（約耗25克），椒鹽、番茄醬各1碟

**【菜品製作】**

1 將蟲草花去老根後洗淨，加鹽、醋、白糖醃製15分鐘，晾乾，拍麵粉。

2 鍋內注入橄欖油燒至120℃，放入蟲草花炸香，放入盤中。

3 可伴椒鹽、番茄醬享用。

【菜品營養】

杏仁能止咳平喘，潤腸通便，可輔助治療肺痛、咳嗽等症。甜杏仁和日常吃的乾果大杏仁都有一定的補肺作用。另外杏仁富含維他命E，有美容功效，可促進皮膚微循環，使皮膚保持紅潤有光澤的狀態。

杏仁佛瓜瓜生福

# 菜瓜杏仁

【菜品故事】

明朝抗倭名將戚繼光雖出身將門，世襲受職，但信奉佛法。其家人在其誦經之時經常送去杏仁茶與南瓜餅。

據傳，嘉靖四十四年，戚繼光為慶賀剿滅倭寇，命家廚做佛手瓜杏仁，為將士慶功。此菜一直流傳至今。

成菜軟糯酥香，脆嫩可口。

【主料】 大杏仁250克，冬瓜250克

【調料】 白糖50克，鹽2克，橄欖油1200克（實耗25克）

【菜品製作】

1 將冬瓜洗淨，用特殊刀具開口，去瓤，用鹽水浸泡15分鐘。

2 將割下來的冬瓜瓤洗淨、去籽，放回冬瓜內。

3 將大杏仁洗淨，用溫水浸泡5分鐘。

4 將冬瓜放入蒸籠，大火蒸至20分鐘至熟。

5 鍋內加橄欖油燒熱，將大杏仁炸至酥香，插在蒸製好的瓜瓤上即成。

【菜品營養】

紅蘿蔔含有豐富的胡蘿蔔素，能清除人體中血液和腸道的自由基，對防治心血管疾病有一定作用；同時，紅蘿蔔還含有豐富的降糖物質，對降血脂有着很大的幫助。

乾香果蔬飄仙意

# 乾炸果蔬

【菜品故事】

明朝會稽人陶望齡，萬曆年一舉而登進士榜，受職編修。他雖身在宦海，心卻向佛門。後來辭歸鄉里，布衣素食。最愛紅蘿蔔、青瓜製成的菜品。他把平時吃不了的紅蘿蔔、青瓜煮熟曬乾，火烤後當作乾糧。他去寺廟裏誦經時，經常食之。此菜便流傳了下來。

成菜色澤美觀，酥香可口。

【主料】紅蘿蔔100克，老青瓜100克，馬鈴薯100克

【調料】鹽5克，糯米粉75克，油1500克（實耗35克），外帶椒鹽、番茄醬各適量

【菜品製作】

1 將紅蘿蔔、馬鈴薯去皮，與青瓜一同洗淨，切成厚片，加鹽調味後晾乾。將以上用料均拍上糯米粉。

2 鍋內加油燒至150℃，放入主料炸至乾香、呈金黃色。

3 上桌，可伴椒鹽、番茄醬享用。

# 後記

張雲甫先生走訪了道、佛名山，進入了道觀、古剎，觀道、佛山之奇，聽古剎晨鐘聲回想自悟，聞暮鼓之聲而忘憂愁。張雲甫先生編寫《中華佛齋》《家常素菜》後，在衆多的讀者一直要求下，又編寫了一部不用任何有生命的原料、名稱、葷菜餚的食譜——《淨食禪點》，內含108道小饌。民間傳説人一生有108個煩惱，新年撞鐘的時候要撞108下，一下可以消除一個煩惱，108個煩惱就都消除了。「108」與中國文化有着密切的關係。108個星宿，預言着吉祥未來，雖然古代道家、佛家傳説、有關文獻和專家學者對「108」衆説紛紜，但還是達成了共識，那就是「108」代表「極高、美好」、「極致光亮」、「吉祥、如意」、「驅除一切煩惱、帶來美好未來、健康長壽」。這是世間每個人的嚮往。正是為滿足此等願望，雲甫先生在雲遊四海，從世界素食文化中搜索、積累、編著寫了這部專供時尚健康素食愛好者的精品書。

現在世界最高的南海觀音像高108米，北京雍和宮內放的《大藏經》也是108部。古代建築與108有不解之緣。北京天壇的最下層欄板有108塊。祈年殿每層有石欄108根；拉薩大昭寺殿廊的初檐及重檐間排列着 108個雄獅伏獸；西藏的佛塔塔身的佛龕構成數為108；青海塔爾寺以大經堂最為雄偉，堂內有直徑1米的巨柱108根；寧夏有12行的白塔群，總計也是108座。

108與星宿、宗教、寺廟更是有神秘的關係。108在佛教裏已作為佛的象徵，敲鐘、念經、撥動佛珠、沉心靜數都要108遍，以示虔誠、順和、完美。北京大鐘寺、蘇州寒山寺、杭州西湖的南屏晚鐘等地，每逢除夕等日子都要敲108下，大菩薩也是108個，這種巧合就是我們所説緣吧！

雲甫先生的《淨食禪點》108道靜心品味一書填補了中國各類修行者素食文化的飲食空白，是中國各類寺院精品素菜的經典，衷心感謝參加編寫、編輯的人員、攝影技師，更感謝95歲的養生書畫家趙毅先生的題字，85歲的丁潔「心經書寫大王」題字，烹飪協會會長姜會長題字。

中國烹飪大師、國家一級評委

王樹溫 教授

# 淨食禪點

108道靜心素菜

作者
張雲甫

責任編輯
譚麗琴

美術設計
吳廣德

排版
劉葉青

出版者
萬里機構出版有限公司
香港北角英皇道499號北角工業大廈20樓
電話：2564 7511　　傳真：2565 5539
電郵：info@wanlibk.com
網址：http://www.wanlibk.com
http://www.facebook.com/wanlibk

發行者
香港聯合書刊物流有限公司
香港新界大埔汀麗路 36 號
中華商務印刷大廈 3 字樓
電話：2150 2100　　傳真：2407 3062
電郵：info@suplogistics.com.hk

承印者
中華商務彩色印刷有限公司
香港新界大埔汀麗路 36 號

出版日期
二零二零年三月第一次印刷

Published in Hong Kong
Printed in China

ISBN 978-962-14-7199-4

本書香港繁體版經青島出版社有限公司授權出版